BestMasters

Mit „BestMasters" zeichnet Springer die besten Masterarbeiten aus, die an renommierten Hochschulen in Deutschland, Österreich und der Schweiz entstanden sind. Die mit Höchstnote ausgezeichneten Arbeiten wurden durch Gutachter zur Veröffentlichung empfohlen und behandeln aktuelle Themen aus unterschiedlichen Fachgebieten der Naturwissenschaften, Psychologie, Technik und Wirtschaftswissenschaften. Die Reihe wendet sich an Praktiker und Wissenschaftler gleichermaßen und soll insbesondere auch Nachwuchswissenschaftlern Orientierung geben.

Springer awards "BestMasters" to the best master's theses which have been completed at renowned Universities in Germany, Austria, and Switzerland. The studies received highest marks and were recommended for publication by supervisors. They address current issues from various fields of research in natural sciences, psychology, technology, and economics. The series addresses practitioners as well as scientists and, in particular, offers guidance for early stage researchers.

Weitere Bände in der Reihe http://www.springer.com/series/13198

Andreas Folkers

Steuerung eines autonomen Fahrzeugs durch Deep Reinforcement Learning

 Springer Spektrum

Andreas Folkers
Bremen, Deutschland

1. Gutachter: Dr. Matthias Knauer, Universität Bremen
2. Gutachter: Prof. Dr. Christof Büskens, Universität Bremen

ISSN 2625-3577   ISSN 2625-3615   (electronic)
BestMasters
ISBN 978-3-658-28885-3   ISBN 978-3-658-28886-0   (eBook)
https://doi.org/10.1007/978-3-658-28886-0

Die Deutsche Nationalbibliothek verzeichnet diese Publikation in der Deutschen National-
bibliografie; detaillierte bibliografische Daten sind im Internet über http://dnb.d-nb.de abrufbar.

Springer Spektrum ist ein Imprint der eingetragenen Gesellschaft Springer Fachmedien Wiesbaden
GmbH und ist ein Teil von Springer Nature.
Die Anschrift der Gesellschaft ist: Abraham-Lincoln-Str. 46, 65189 Wiesbaden, Germany

Inhaltsverzeichnis

Abbildungsverzeichnis

Tabellenverzeichnis

Kurzzusammenfassung

Ein Regler zur Steuerung eines autonomen Fahrzeugs muss bezüglich diverser Gesichtspunkte hohen Qualitätsansprüchen genügen. Neben einem möglichst angenehmen Fahrgefühl sind dabei vor allem auch Sicherheitsaspekte von besonderer Bedeutung. Daher sollten zum einen eine hochpräzise Fahrzeugführung und zum anderen möglichst kurze Reaktionszeiten zum Berücksichtigen von dynamischen Objekten gewährleistet werden. Das Einbeziehen dieser beiden Kriterien führt jedoch schnell zu einem Spannungsverhältnis im Design von entsprechenden Regelansätzen: Je adaptiver die Steuerkommandos auf eine nichtlineare Dynamik und komplexe Umgebungen reagieren sollen, desto größere Rechenkapazitäten werden normalerweise für deren Bereitstellung beansprucht. Dies motiviert das Konzept aus dieser Arbeit, einen Regelalgorithmus zum Steuern eines autonomen Fahrzeugs im Vorfeld als parametrisiertes Modell zu bestimmen. Dessen Auswertung zur Berechnung eines Steuersignals - basierend auf einer entsprechenden Wahrnehmung der Fahrzeugumgebung - kann dann in vergleichsweise kurzer Zeit erfolgen. Das Modell wird dabei durch ein Neuronales Netz dargestellt, welches durch die Proximal-Policy-Optimierung im Rahmen des Deep Reinforcement Learning trainiert wird. Die Anwendung dieses Verfahrens erfolgt im Rahmen des Projekts *AO-Car*; dies legt als Testszenario die autonome Exploration eines Parkplatzes fest. In diesem Kontext wird zum Lernen eine simulierte Umgebung auf Grundlage eines nichtlinearen Fahrzeugmodells implementiert. Um Hindernisse zu identifizieren, bildet diese insbesondere auch das Verhalten von Laser-Sensorik ab. Die Qualität des resultierenden Reglers wird schließlich sowohl durch die Simulation als auch bei der Anwendung auf einem VW Passat GTE, basierend auf dem System aus AO-Car, evaluiert. Die autonome Steuerung dieses Testfahrzeugs auf einem realen Parkplatz genügt dabei zu allen Zeiten den erwarteten Ansprüchen an Genauigkeit sowie Rechenzeit und bestätigt damit das große Potential des vorgestellten Regelkonzeptes.

Abstract

The autonomous control of a vehicle must meet high quality standards with respect to various aspects. In addition to a driving experience that is as pleasant as possible, safety aspects are of particular importance. For this reason, a highly precise vehicle guidance on the one hand and the shortest possible reaction times for taking dynamic objects into account on the other hand should be guaranteed. However, the consideration of both of these criteria quickly leads to a tension in the design of corresponding control approaches: The more adaptive the controller should react to nonlinear dynamics and complex environments, the greater the computing power typically required. This motivates the concept of this thesis to learn a parameterized model for controlling an autonomous vehicle in advance. Its evaluation for the computation of a control signal - based on a corresponding perception of the vehicle's surroundings - can then be carried out in a comparatively short time. Here, the model is represented by a neural network, which is trained through Proximal Policy Optimization within the framework of Deep Reinforcement Learning. This approach is applied within the *AO-Car* project, which defines the autonomous exploration of a parking lot as a test scenario. In this context, a simulated environment based on a nonlinear vehicle model is implemented for training purposes. In particular, this includes a simulation of the behavior of laser sensors to enable the identification of obstacles. Finally, the resulting controller is evaluated both in simulation and by application on a VW Passat GTE, based on the system from AO-Car. The autonomous parking lot exploration with this test vehicle meets the expected requirements for accuracy and computing time at all times and thus confirms the great potential of the control concept presented.

So before you go out searching
Don't decide what you will find

Frank Turner

1   Einführung

Selbstfahrende Fahrzeuge haben das Potential, moderne Gesellschaften - aufgebaut auf dem Fundament des Konzeptes *Mobilität* - spürbar zu verändern. Computer könnten dauerhaft oder in bestimmten Situationen, wie zum Beispiel auf Autobahnen, im Parkhaus oder in fest definierten Gebieten, die Kontrolle übernehmen. Neben der Zeitersparnis für den Fahrgast erhofft man sich auch eine erhöhte Sicherheit durch weniger menschliche Fehler [101],[106]. Neue Mobilitätskonzepte ermöglichen zudem eine deutlich effizientere und damit auch umweltfreundlichere sowie kostengünstigere Nutzung der Ressource *Automobil*. Die Möglichkeiten reichen von effizientem Car-Sharing mit sich selbst bereitstellenden Fahrzeugen [53], [7], [68] hin zu perfekt gesteuerten LKW-Kolonnen zur Effizienzsteigerung in Logistikprozessen [25].

Die Entwicklung solcher *Roboterfahrzeuge* bewegt Forscher sowie Unternehmen mit verschiedenstem Hintergrund. Zu diskutieren sind beispielsweise ethische Fragestellungen und rechtliche Grundlagen sowie die Schaffung einer passenden Infrastruktur [27], [57]. Um ein ausreichend hohes Maß an Sicherheit zu garantieren, sind unter anderem Normen und Szenarien für die Durchführung von funktionalen Tests einzuführen [5]. Vom technischen Standpunkt aus müssen spezielle Sensorik und Computerchips entwickelt werden [77], [21]. Zudem ist bei der Konstruktion der Fahrzeuge zu berücksichtigen, dass der Fahrgast nicht dauerhaft ans Lenkrad gebunden sein muss [107].

Aus algorithmischer Sicht sind besonders die Erfolge durch die Entwicklungen des *Deep Learning* hervorzuheben. Durch dessen Einsatz mit *Neuronalen Netzen* lassen sich zum Beispiel komplexe Aufgabenstellungen aus der Bildverarbeitung mit sehr hoher Qualität lösen. Die Ergebnisse aus den ILSVRC- [80] oder COCO-Wettbewerben [58] zeigen, dass sie heute das bevorzugte Mittel bei der Detektion von Objekten in Bildern oder bei der Interpretation von Szenen sind. Durch stark optimierte Softwarebibliotheken wie TENSORFLOW [98], CAFFE [43] oder TORCH [19], kann Training und Einsatz dieser Modelle parallelisiert und damit sehr effizient auf Grafikkarten oder speziell entwickelten Tensorprozessoren erfolgen [14]. Zur Anwendung Neuronaler Netze im Straßenverkehr stehen heute umfangreiche und aufwendig erstellte Datensätze wie KITTI [29], Cityscapes [20], ApolloScape [39], Mapillary Vistas [66] oder BDD100K [108] zur Verfügung.

Ein Beispiel für den Erfolg dieser Technik ist *PilotNet* [8], [9], welches aus Kamerabildern direkt die Querführung eines Fahrzeug erzeugen kann. Alternativ kann die Verarbeitung von Sensordaten sowie die Berechnung der resultierenden Steuerung in zwei Teilschritte separiert werden. Dabei müssen zunächst innerhalb der *Sensorfusion* alle vorhandenen Informationsquellen verarbeitet werden, um eine konsistente Lokalisierung des Fahrzeuges in seiner Umwelt zu erzeugen. Dies kann zum Beispiel durch die Verwendung eines Erweiterten Kalman-Filters wie in [15] erfolgen. Auf Grundlage der resultierenden Zustandsrepräsentation können schließlich Steuerkommandos berechnet werden, um zum

© Springer Fachmedien Wiesbaden GmbH, ein Teil von Springer Nature 2019
A. Folkers, *Steuerung eines autonomen Fahrzeugs durch Deep Reinforcement Learning*, BestMasters, https://doi.org/10.1007/978-3-658-28886-0_1

Beispiel einen gegebenen Zielzustand zu erreichen. Zum Ausgleich von Schwankungen in den Zustandsschätzungen oder Abweichungen von der geplanten Umsetzung der Steuerungen, kann dieser Vorgang in einem Kreislauf ausgeführt werden. Dieser beschreibt einen Regelungsprozess, und die Vorschrift zur Erzeugung der Steuerkommandos definiert den zugehörigen *Regler* [26].

Der Beitrag dieser Arbeit besteht darin, das Repertoire vorhandener Regelansätze zu erweitern. Dazu wird ein Regler abstrakt als eine Funktion betrachtet, die gegebenem Start- und Endzustand sinnvolle Steuerungswerte zuweist. Motiviert durch die Erfolge in der Funktionsapproximation durch Neuronale Netze wird diese Abbildung dann durch Techniken des Deep Learning angenähert. Als Konzept zur Durchführung des Netztrainings wird das *Reinforcement Learning* verwendet - die Kombination mit Neuronalen Netzen bezeichnet man auch als *Deep Reinforcement Learning*. Das resultierende Regelparadigma wird in dieser Arbeit als *Deep Controller* referenziert. Dieser stellt, neben den Ergebnissen aus [48], eine der ersten Anwendungen des Deep Reinforcement Learning für ein reales autonomes Fahrzeug dar.

Vor der konkreten Definition des Regelansatzes werden zunächst theoretische Grundlagen zum Deep Learning in Kapitel 2 vorgestellt. Dabei werden vor allem Charakteristiken von Neuronalen Netzen beschrieben sowie deren Training durch einen stochastischen Gradientenabstieg eingeführt. Insbesondere wird auf die effiziente Berechnung der benötigten Ableitungen durch die Backpropagation eingegangen. Der resultierende Trainingsalgorithmus wird in Kapitel 3 mit Verfahren des Reinforcement Learning kombiniert. Dazu werden die Grundlagen der zugehörigen Theorie eingeführt und schließlich aktuelle Methoden für kontinuierliche Fragestellungen erweitert.

Die Umsetzung des resultierenden Lernverfahrens ist eingebettet in den Kontext des Projektes AO-Car [1]. In dessen Rahmen wird die autonome Exploration eines Parkplatzes mit einem VW Passat GTE als Plug-in-Hybrid durchgeführt. Dies wird in Kapitel 4 vorgestellt, um so die konkrete Definition der Aufgabe des Deep Controller festzulegen. Zudem wird hier eine Abgrenzung zu alternativen Verfahren vorgenommen und die Implementierung des Trainingsparadigmas innerhalb einer speziell konzipierten Simulationsumgebung vorgestellt.

Der Lernverlauf und seine Charakteristiken werden für verschiedene Parametrisierungen des Trainings in Kapitel 5 analysiert. In einer ausführlichen Auswertung werden zudem Stärken und Schwächen des Deep Controller sowohl innerhalb der Simulation als auch auf dem Testfahrzeug zur realen Exploration eines Parkplatzes vorgestellt. Dabei werden im Detail die Spurhaltung, das Abbiegen, das Ausweichen bei Hindernissen sowie das kontrollierte Anhalten gezeigt. Schließlich werden das Vorgehen dieser Arbeit und die erzielten Ergebnisse in Kapitel 6 zusammengefasst und diskutiert. Darauf aufbauend werden insbesondere konkrete Ansätze zur Verbesserung der präsentierten Methode dargelegt.

Anhang A stellt eine Übersicht aller Hyperparameter des Lernalgorithmus sowie der Simulationsumgebung bereit.

2 Grundlagen des Deep Learning

Interpretation von Sprache, Schrift oder Bildern - die enormen Fortschritte der letzten Jahre in diesen Bereichen können auf Entwicklung der Techniken des Deep Learning zurückgeführt werden. Als Teilgebiet des *maschinellen Lernens* werden hier komplizierte Zusammenhänge durch eine ausreichend große Menge an Datenpunkten von einem Programm abgebildet. Beim Deep Learning werden dazu parametrisierte Modelle genutzt, welche aus sukzessiv, teilweise sehr *tief* hintereinander aufgebauten Schichten bestehen. Die Identifikation von passenden Parametern zu einem gegebenen Problem erfolgt iterativ in einem so genannten *Trainingsprozess*. Dabei spricht man auch vom *Lernen* der Aufgabe, was dem Ansatz insgesamt seinen Namen verleiht [14].

Die zu lösenden Probleme können nach Art der Datenpunkte in drei Kategorien eingeordnet werden [81].

i. **Überwachtes Lernen:** Das Programm lernt auf Grundlage von Eingabe-Ausgabe-Daten. Beispielsweise können Eingaben so mit sinnvollen Titeln versehen werden.

ii. **Unüberwachtes Lernen:** Hier wird nur auf Grundlage von Eingabedaten gelernt. Zur Lösung muss das Programm eine den Beispielen inhärente Struktur identifizieren. Das Resultat könnte zum Beispiel eine Einordnung von Eingaben in K Gruppen sein.

iii. **Reinforcement Learning:** Das Programm soll hier eine Aufgabe bewältigen, allein auf Grundlage von entsprechendem Feedback zu seiner Ausgabe. Im Gegensatz zum überwachten Lernen wird hier jedoch keine *richtige Lösung* vorgegeben. Eine detaillierte Erläuterung erfolgt in Kapitel 3.

Je nach Art des Problems sind unterschiedliche Methoden einsetzbar. Als Designgrundlage für die parametrisierten Modelle eigenen sich jedoch in allen Fällen besonders Neuronale Netze. Diese werden in Abschnitt 2.1 eingeführt. Der Optimierungsprozess zur Identifikation von deren Parametern wird im darauf folgenden Abschnitt 2.2 erläutert.

Weiterführende Literatur und eine ausführliche Einführungen zu diesem Thema geben zum Beispiel CHOLLET [14] oder GOODFELLOW et al. [31]. Wenn nicht anders angegeben, beziehen sich die folgenden Ausführungen zu Neuronalen Netzen auf diese Grundlagenbücher.

2.1 Künstliche Neuronale Netze

Das grundlegende Paradigma zur Definition eines Neuronalen Netzes ist vergleichsweise einfach. Trotzdem wird ein großer Teil aktueller Forschungen dieses Bereichs in das Finden

Zusatzmaterial online
Zusätzliche Informationen sind in der Online-Version dieses Kapitel (https://doi.org/10.1007/978-3-658-28886-0_2) enthalten.

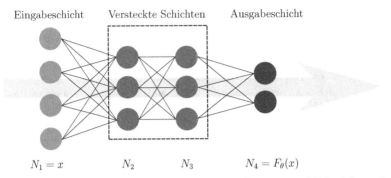

Eingabeschicht   Versteckte Schichten   Ausgabeschicht

$N_1 = x$ N_2 N_3 $N_4 = F_\theta(x)$

Abbildung 2.1: Neuronales Netz mit vier Schichten. Die Neuronen einer Schicht sind untereinander angeordnet. Die Informationen werden von links nach rechts durch das Netz geleitet.

von Netzstrukturen investiert, die sich für bestimmte Aufgaben besonders gut eignen. Der Trend dabei geht insbesondere zu möglichst tiefen Modellen, die zum Beispiel durch *residuale Verbindungen* trainierbar gemacht werden [34]. Zur Abbildung von zeitlichen Zusammenhängen bieten sich außerdem *rekurrente* Bausteine wie beispielsweise das *Long Short-Term Memory* [37] an. Insgesamt sind leistungsfähige moderne Netzarchitekturen damit häufig vergleichsweise kompliziert.

Je nach konkretem Problem können für Anwendungen des Deep Reinforcement Learning jedoch schon oft einfache Ansätze verwendet werden. Bei den Neuronalen Netzen in dieser Arbeit werden grundlegende, nicht-rekurrente Architekturen mit Faltungsoperationen kombiniert.

2.1.1 Definition und Approximationseigenschaft Neuronaler Netze

Im Kontext des maschinellen Lernens werden Neuronale Netze als parametrisierte Funktionen $F_\theta : \Omega \to \Lambda$ verstanden, die sich durch eine bestimmte Struktur definieren. Kennzeichnend ist dabei die sukzessive Informationsverarbeitung durch kleine Bausteine, den *Neuronen*. Dieser Aufbau ist angelehnt an Erkenntnisse der Neurowissenschaften und ausschlaggebend für den Namen dieser Modelle.

Die konkreten Definitionen von Ω und Λ hängen unmittelbar mit der Aufgabe zusammen, die durch das Neuronale Netz gelöst werden soll. Für numerische Anwendungen und im Folgenden wird von kontinuierlichen Räumen bestimmter Größe ausgegangen:

$$F_\theta : \mathbb{R}^\omega \to \mathbb{R}^\lambda, \quad \omega, \lambda \in \mathbb{N}.$$

Der Aufbau eines Neuronales Netzes kann dann durch sogenannte *Schichten* beschrieben werden. Die Anzahl L dieser Ebenen definiert die *Tiefe* des Netzes und $\mathcal{I} = \{2; \ldots; L\}$ ist eine entsprechende Indexmenge. Abbildung 2.1 zeigt ein einfaches Beispiel mit insgesamt vier Schichten. Die *Eingabeschicht* wird durch einen Vektor $x \in \mathbb{R}^\omega$ dargestellt und beinhaltet die Daten, die durch das Netz verarbeitet werden sollen. Die Transformation dieser Informationen erfolgt auf bestimmte Weise innerhalb der Neuronen.

Definition 2.1 (Neuron) *Das Neuron* j *in Schicht* $l \in \mathcal{I}$ *ist eine Funktion* $N_l^j : \mathbb{R}^n \to \mathbb{R}$, *welche ihre Eingabe* $x \in \mathbb{R}^n$ *durch die Verknüpfung einer affinen Transformation mit seiner* Aktivierungsfunktion $\varphi_l : \mathbb{R} \to \mathbb{R}$ *durch*

$$N_l^j(x) := \varphi_l(w_l^j \cdot x + v_l^j)$$

abbildet. Der Vektor $w_l^j \in \mathbb{R}^n$ *und der Bias* $v_l^j \in \mathbb{R}$ *beschreiben die* Parameter *beziehungsweise* Gewichte *des Neurons.*

In der Regel werden mehrere Neuronen nebeneinander zu einer Schicht l mit einheitlicher Aktivierung zusammengefasst. Die entsprechende Funktion N_l verarbeitet die Informationen aus der vorigen Ebene N_{l-1}, wobei die Netzeingabe $x = N_1$ ist. Um über einzelne Neuronen N_l^j einer Schicht zu sprechen, wird in dieser Arbeit der Index j ohne genauere Spezifizierung verwendet.

Definition 2.2 (Schicht eines Neuronalen Netzes) *Die Parameter der* m *Neuronen aus* Schicht $l \in \mathcal{I}$ *werden in der* Gewichtsmatrix $W_l \in \mathbb{R}^{m \times n}$ *sowie in dem vektoriellen* Bias $V_l \in \mathbb{R}^m$ *durch die Abbildung* $N_l : \mathbb{R}^n \to \mathbb{R}^m$ *zusammengeführt. Mit deren Eingabe* $x \in \mathbb{R}^n$ *folgt*

$$N_l(x) := \varphi_l(W_l x + V_l),$$

wobei in diesem Kontext die Aktivierungsfunktion $\varphi_l : \mathbb{R}^m \to \mathbb{R}^m$ *punktweise angewendet wird.*

Die letzte dieser Schichten stellt die *Ausgabe* des Neuronalen Netzes dar, also

$$F_\theta(x) = N_L.$$

Die dazwischen liegenden Verarbeitungsstufen werden auch als *versteckte Schichten* bezeichnet, um sie von Aus- und Eingabe zu unterscheiden. Insgesamt werden alle Netzparameter als θ zusammengefasst. Um einen gewünschten Zusammenhang durch ein Neuronales Netz darzustellen, sind diese entsprechend zu optimieren. Dabei hängt die Qualität des resultierenden Modells maßgeblich von den gewählten Aktivierungsfunktionen φ_l ab. Eine theoretische Grundlage dazu stellt der *universelle Approximationssatz* dar. Dieser garantiert, dass jede stetige Funktion durch ein Neuronales Netz mit einer versteckten Schicht, bestehend aus genügend Neuronen, beliebig gut dargestellt werden kann. Voraussetzung dafür ist eine lokal beschränkte, stückweise stetige und nicht polynomielle Aktivierungsfunktion.

Satz 2.3 (Universeller Approximationssatz) *Es bezeichnen* μ *das Lebesque-Maß und* $\overline{\{\cdot\}}$ *den Mengenabschluss, dann definiere*

$$M := \left\{ \varphi \in L_{loc}^\infty(\mathbb{R}) \,\middle|\, \mu\left(\overline{\{x \in \mathbb{R} \mid \varphi \text{ unstetig in } x\}}\right) = 0 \right\}.$$

Für $\varphi \in M$ *betrachte die Funktionenmenge* $\mathcal{F}_\varphi$, *gegeben durch*

$$\mathcal{F}_\varphi := \text{span}\{F_\varphi : \mathbb{R}^n \to \mathbb{R}, x \mapsto \varphi(w \cdot x + v) \mid w \in \mathbb{R}^n, v \in \mathbb{R}\}.$$

$\mathcal{F}_\varphi$ *ist dicht in* $C(\mathbb{R}^n)$ *genau dann, wenn* φ *kein Polynom ist.*

Beweis: Ein Beweis ist in [54] zu finden.   ◇

Bestimmte Aktivierungsfunktionen haben sich in der Praxis als besonders geeignet erwiesen. Dazu zählen die in dieser Arbeit verwendete *Rectified Linear Unit* (kurz ReLU) [65]

$$\text{ReLU}(x) := \max(0, x)$$

sowie der Tangens hyperbolicus

$$\tanh(x).$$

Beide genügen den Voraussetzungen von Satz 2.3. Zum Training der Netzparameter wird in der Regel zusätzlich von der Differenzierbarkeit der verwendeten Aktivierungsfunktionen ausgegangen (siehe auch Abschnitt 2.2). Dies gilt zwar nicht für ReLU im Ursprung, ist jedoch numerisch, bei der Verwendung von gerundet Gleitkommazahlen, praktisch nicht relevant. Je nach Implementierung wird ein Ableitungswert von 0, 0,5 oder 1 verwendet. Alternativ zu ReLU können auch glattere Varianten wie softplus [30] oder elu [16] eingesetzt werden.

2.1.2   Faltungsbasierte Netze

Die Faltung ist ein mathematisches Werkzeug, welches in vielen theoretischen und praktischen Problemen zur Anwendung kommt. Beispiele sind das Lösen der Wärmeleitungsgleichung als partielle Differentialgleichung [4], die Computertomographie, bei der Faltungen im Rahmen der gefilterten Rückprojektion verwendet werden [73], oder bei Aufgaben aus der Bildverarbeitung im Allgemeinen [11], [44].

Bei Letzteren können Faltungen zum Entrauschen oder als *Filter* zur Detektion von Ecken und Kanten durch Approximation von Gradienten eingesetzt werden. Vor allem ermöglichen sie die Identifikation von räumlichen Zusammenhängen. In dieser Arbeit werden diese Eigenschaften genutzt, um als Bestandteil Neuronaler Netze die Interpretation einer zweidimensionalen, pixelbasierten Wahrnehmungskarte zu ermöglichen, welche sich insbesondere als Bild auffassen lässt.

Allgemein ist die Faltung eine Operation zwischen zwei Funktionen, bei der eine Eingabe x mit dem *Faltungskern* w verknüpft wird.

Definition 2.4 (Kontinuierliche Faltung) *Betrachte* $x, w : \mathbb{R}^n \to \mathbb{R}$. *Falls*

$$(x * w)(t) := \int_{\mathbb{R}^n} x(s)\, w(t - s)\, \mathrm{d}s$$

für (fast alle) t existiert, dann ist $(x * w)$ die Faltung *von x mit w. Die Funktion w heißt in diesem Zusammenhang auch* Faltungskern.

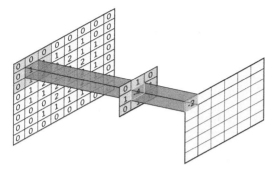

Abbildung 2.2: Visualisierung der diskreten Faltung mit einer 3×3-Faltungsmatrix, Nullfortsetzung am Rand und einfacher Schrittweite, aus [18]

Zur Anwendung auf ein Bild kann die diskrete Faltung genutzt werden. Diese lässt sich aus der kontinuierlichen Variante durch stückweise konstante Interpolation herleiten. Dabei wird der Faltungskern in eine *Faltungsmatrix* überführt, wobei diese meist deutlich kleiner als die Eingabe ist und aus praktischen Gründen eine ungerade Anzahl von Einträgen hat [11].

Definition 2.5 (Diskrete Faltung im zweidimensionalen) *Betrachte* $x \in \mathbb{R}^{H \times B}$, $H, B \in \mathbb{N}$ *und die* Faltungsmatrix $W \in \mathbb{R}^{M \times N}$ *mit* $M, N \in \mathbb{N}$ *ungerade. Dann ist die diskrete Faltung im Pixel* (i, j) *definiert als*

$$(x * W)(i, j) := \sum_{m=1}^{M} \sum_{n=1}^{N} x(i + m - a, \, j + n - b) \, W(m, n). \tag{2.1}$$

Hier sind (a, b) *die Koordinaten des Mittelpunktes von* W.

Soll die räumliche Größe bei dieser Operation erhalten bleiben, müssen Werte am Rand ergänzt werden. Deren Anzahl hängt von der Ausdehnung der Faltungsmatrix ab. Ansätze dazu sind unter anderem die Nullfortsetzung, Spiegelung oder die konstante Fortsetzung. Erstere ist beispielhaft in Abbildung 2.2 dargestellt. In vielen Anwendungen wird die Summation in (2.1) auch mit erhöhter Schrittweite durchgeführt. Außerdem kann sie auf tensorielle Größen, zum Beispiel Mehrkanalbilder, verallgemeinert werden. Eine detaillierte Ausführung hierzu im Kontext des Deep Learning ist in [22] zu finden.

Die Transformation von Daten mittels diskreter Faltung kann schließlich als linearer Anteil in einer Schicht eines Neuronalen Netzes im Sinne von Abschnitt 2.1.1 aufgefasst werden. Dazu wird die Eingabe x zu x_F vektorisiert und eine entsprechende Äquivalenzmatrix W_F definiert. Für das Beispiel $x \in \mathbb{R}^{3 \times 3}$ und $W \in \mathbb{R}^{3 \times 3}$ kann die Faltungsoperation überführt werden zu

$$
\begin{bmatrix} x_1 & x_2 & x_3 \\ x_4 & x_5 & x_6 \\ x_7 & x_8 & x_9 \end{bmatrix} * \begin{bmatrix} a & b & c \\ d & e & f \\ g & h & i \end{bmatrix} \longrightarrow \underbrace{\begin{pmatrix} e & f & 0 & h & i & 0 & 0 & 0 & 0 \\ d & e & f & g & h & i & 0 & 0 & 0 \\ 0 & d & e & 0 & g & h & 0 & 0 & 0 \\ & & & & \vdots & & & & \\ 0 & 0 & 0 & b & c & 0 & e & f & 0 \\ 0 & 0 & 0 & a & b & c & d & e & f \\ 0 & 0 & 0 & 0 & a & b & 0 & d & e \end{pmatrix}}_{W_F} \cdot \underbrace{\begin{pmatrix} x_1 \\ \vdots \\ x_9 \end{pmatrix}}_{x_F}.
$$

Durch Umkehren der Vektorisierung kann schließlich das Ergebnis der diskreten Faltung generiert werden.

Je nach Aufgabe des Neuronalen Netzes werden die passenden Filter zur Detektion von wichtigen Strukturen erlernt. Eine Analyse dazu liefern zum Beispiel ZEILER et al. [110]. Die zu bestimmenden Parameter sind dabei die Einträge der Faltungsmatrix W. Durch Ausnutzen von *Dünnbesetztheit* und *geteilten Parametern* in W_F lässt sich die Faltung sehr effizient implementieren.

2.1.3   Lokale Translationsinvarianz

Ein wesentliches Konzept zum Extrahieren von abstrakten Merkmalen aus Bildern ist das Berücksichtigen von In- und Äquivarianzen. Zum einen sollen Merkmale unabhängig von ihrer Position im Eingabebild erkannt werden. Dies wird auf natürliche Weise durch die Translationsäquivarianz der Faltungsoperation erreicht. Zum anderen ist es sinnvoll, die Detektion auf großen Skalen nicht zu stark davon abhängig zu machen, wie genau deren Teilkomponenten angeordnet sind. Zum Beispiel sollte eine Straße unabhängig von deren exakten Breite als solche wahrgenommen werden. In diesem Zusammenhang wird auch von lokaler Translationsinvarianz gesprochen.

Ein klassischer Ansatz, um dies zu erreichen, sind sogenannte *Pooling*-Operationen. Bei diesen werden Informationen im Bild durch eine bestimmte Vorschrift zusammengefasst. Eine der leistungsfähigsten Varianten ist das *Max-Pooling*, bei der jeweils der lokal maximale Eintrag ausgewählt wird [85]. Häufig wird diese Operation auch mit erhöhter Schrittweite durchgeführt, wodurch die Ausgabe bezüglich der Eingabe verkleinert ist. Dadurch kann der Informationsfluss auf Wesentliches reduziert und das Neuronale Netz effizienter gemacht werden. Das Max-Pooling ist beispielhaft in Abbildung 2.3 dargestellt.

Neben der Robustheit gegenüber Translationen könnte je nach Anwendung zum Beispiel auch die Äquivarianz bezüglich Rotationen sinnvoll sein. Ein möglicher Ansatz, Neuronale Netze in diesem Sinne zu verallgemeinern, sind *Capsule Networks* [82].

2.2   Training Neuronaler Netze

Neuronale Netze sind parametrisierte Modelle zur Darstellung von komplexen, datenbasierten Zusammenhängen. Um die entsprechenden Gewichte für ein gegebenes Problem

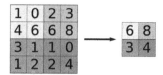

Abbildung 2.3: Beispiel für Max-Pooling der Größe 2×2 und Schrittweite 2, aus [18]

geeignet zu bestimmen, können sehr effektiv Optimierungsverfahren eingesetzt werden. Dabei werden Datenpunkte durch das Netz geleitet und die Ausgabe durch eine *Kostenfunktion* ζ bewertet. Deren Ableitungen bezüglich der Netzparameter θ können dann zur Minimierung dieser Kosten verwendet werden. Da Optimierungsverfahren zweiter Ordnung für große Neuronale Netze oft zu aufwendig sind, werden dazu in der Regel Gradientenabstiegsverfahren genutzt. Dabei erfolgt die Bestimmung der Ableitungswerte häufig auf Basis der *Backpropagation*, welche als wesentliche Komponente zur effizienten Implementierung der Lernalgorithmen angesehen wird. Eingebettet wird dies in den Rahmen von sogenanntem *stochastischen Lernen*.

Die Kostenfunktion $\zeta = \zeta(\theta, x)$ hängt allgemein von den Netzparametern θ sowie einer Eingabe x ab. Insbesondere sei sie bezüglich aller Parameter sowie der Netzausgabe F_θ differenzierbar. Die konkrete Definition von ζ ist schließlich durch die Art des betrachteten Problems beeinflusst. Der einfachste Fall ist das überwachte Lernen, bei dem die Ausgabe F_θ des Neuronalen Netzes mit dem vorgegebenen Referenzwert verglichen werden kann. Beim unüberwachten Lernen ist dies entsprechend nicht möglich. Es gibt jedoch Ansätze - zum Beispiel *Autoencoder* [35], [75] - mit denen das folgende Verfahren trotzdem anwendbar ist. Die Definition einer Kostenfunktion für das Reinforcement Learning ist schließlich Inhalt von Abschnitt 3.2.

2.2.1 Stochastische Parameteroptimierung

Das Ziel des Trainings Neuronaler Netze ist die Minimierung der Kostenfunktion auf der gegebenen Datengrundlage. Dazu können sukzessive Gradientenupdates an den Netzparametern vorgenommen werden, bis Konvergenz erreicht ist. Die Updaterichtung kann sich dabei durch den *deterministischen Gradientenabstieg* als Mittel über den gesamten Datensatz ergeben. Dies führt jedoch häufig zur Konvergenz in lokalen Minima. Alternativ dazu kann der *stochastische Gradientenabstieg* (SGD) angewendet werden. Bei diesem werden die Parameterupdates nach jedem einzelnen, zufällig gewählten Datenpunkt durchgeführt. Die resultierende Folge von Gradienten schwankt dann viel stärker und ist damit weniger anfällig für lokale Minima [28]. Um weiterhin ein stabiles Abstiegsverfahren zu erhalten, müssen jedoch vergleichsweise kleine Schrittweiten verwendet werden, was zu einem relativ langen Trainingsprozess führt. Ein Kompromiss aus beiden Varianten ist der *Minibatch* SGD. Bei diesem werden Gradientenschritte für eine Teilmenge der Daten - ein Minibatch - angewendet. Minibatches lassen sich sehr gut parallel verarbeiten und führen zudem selten zu Problemen mit dem vorhandenen Speicher.

In den meisten Fällen kann eine deutliche Beschleunigung der Konvergenz durch zusätzliche Berücksichtigung des aktuellen *Momentums* erreicht werden. Dabei wird in jedem Gradientenschritt die neue Abstiegsrichtung mit der alten kombiniert [78].

Algorithmus 2.6 (Minibatch SGD mit Momentum) *Seien θ die Parameter des Neuronalen Netzes und $[x]$ ein Minibatch von Datenpunkten. Dann ergibt sich ein Schritt des* SGD *mit Momentum durch*

$$\Delta\theta \leftarrow -\vartheta \left[\nabla_\theta \zeta(\theta, [x])\right]^* + \mu\Delta\theta,$$

$$\theta \leftarrow \theta + \Delta\theta.$$

Die Schrittweite ϑ wird auch als Lernrate *bezeichnet und $[\cdot]^*$ beschreibt die Mittelung der Abstiegsrichtungen aus dem Minibatch. Der Einfluss des* Momentums *wird durch den Hyperparameter μ beschrieben.*

Physikalisch kann das Momentum wie die Trägheit eines Masseteilchens verstanden werden [72]. Der *alte Impuls* $\Delta\theta$ bewirkt dabei, dass lokale Minima weniger Einfluss auf die Parameteroptimierung haben.

Zu diesem grundlegenden Algorithmus gibt es eine Vielzahl von Erweiterungen [76]. Dabei wird insbesondere ein adaptiveres Verhalten bezüglich der aktuellen Situation während der Parameteroptimierung vorgeschlagen. Hervorzuheben ist das Abstiegsverfahren *adaptive moment estimation* (kurz *Adam*), welches für Probleme mit vielen Daten oder Parametern meist sehr gute Ergebnisse liefert [50].

Algorithmus 2.7 (Adam Gradientenabstieg) *Seien θ die Parameter des Neuronalen Netzes und $[x]$ ein Minibatch von Datenpunkten. Der* Adam*-Gradientenabstieg wird mit $j = 0$, $m_0 = 0$, $n_0 = 0$ sowie $\beta_1, \beta_2 \in [0; 1)$ und einem kleinen $\epsilon > 0$ initialisiert. Dann ergibt sich ein Updateschritt durch*

$$j \leftarrow j + 1,$$
$$m_j = \beta_1 m_{j-1} + (1 - \beta_1) \left[\nabla_\theta \zeta(\theta, [x])\right]^*,$$
$$n_j = \beta_2 n_{j-1} + (1 - \beta_2) \left(\left[\nabla_\theta \zeta(\theta, [x])\right]^*\right)^2,$$
$$\hat{m}_j = \frac{m_j}{1 - (\beta_1)^j},$$
$$\hat{n}_j = \frac{n_j}{1 - (\beta_2)^j},$$
$$\theta \leftarrow \theta - \vartheta \frac{\hat{m}_j}{\sqrt{\hat{n}_j} + \epsilon}.$$

Das Quadrieren des Gradienten wird eintragsweise ausgeführt und ϑ beschreibt wie zuvor die Lernrate.

Hier können $\hat{m}_j$ und $\hat{n}_j$ als Schätzungen für den Mittelwert und die (nicht zentrierte) Varianz des Gradienten verstanden werden. Der Einfluss früherer Schritte wird dabei durch β_1 und β_2 gesteuert und der Hyperparameter ϵ dient der numerischen Stabilität. Vorschläge für sinnvolle Initialisierungen dieser Werte werden in [50] bereit gestellt.

2.2.2 Backpropagation

Die Trainingsmethoden für Neuronale Netze aus Abschnitt 2.2.1 sind Gradientenabstiegsverfahren. Bei diesen werden Ableitungen der Kostenfunktion bezüglich aller Netzparameter benötigt. Einen effizienten Algorithmus, um diese zu berechnen, ist die *Backpropagation*. Ursprünglich von WERBOS in seiner Dissertation [104] vorgeschlagen, erlangte das Verfahren besonders durch die Veröffentlichung von RUMELHART et al. [78] Bekanntheit. Zu dessen Herleitung werden zusätzlich zu den Definitionen aus Abschnitt 2.1.1 einige Hilfsgrößen eingeführt. Die affine Transformation der Eingabe in Schicht $l \in \mathcal{I}$ durch das Neuron j sei definiert als

$$z_l^j := w_l^j \cdot N_{l-1} + v_l^j, \quad z_l^j \in \mathbb{R}. \tag{2.2}$$

Der Beitrag dieser affinen Transformation zum Gradienten $\nabla_\theta \zeta(\theta, x)$ ist dann mit

$$\delta_l^j := \frac{\partial \zeta(\theta, x)}{\partial z_l^j}, \quad \delta_l^j \in \mathbb{R}$$

gegeben. Bei der Betrachtung einer ganzen Schicht l werden $Z_l = (z_l^1, z_l^2, \ldots)^\top$ sowie $\delta_l = (\delta_l^1, \delta_l^2, \ldots)^\top$ als vektorwertige Variablen betrachtet, wodurch sich zum Beispiel die Ausgabe von N_l durch

$$N_l = \varphi_l(Z_l) \tag{2.3}$$

ergibt. δ_l kann zur Beschreibung des Einflusses von einzelnen Parametern auf den Gradienten genutzt werden. Mithilfe der Kettenregel gilt

$$\frac{\partial \zeta(\theta, x)}{\partial w_l^j} = \frac{\partial \zeta(\theta, x)}{\partial z_l^j} \frac{\partial z_l^j}{\partial w_l^j} = \delta_l^j N_{l-1}, \tag{2.4}$$

sowie für den Bias

$$\frac{\partial \zeta(\theta, x)}{\partial v_l^j} = \frac{\partial \zeta(\theta, x)}{\partial z_l^j} \frac{\partial z_l^j}{\partial v_l^j} = \delta_l^j. \tag{2.5}$$

Im Rahmen der *Vorwärtspropagation (VP)* zur Auswertung der Kostenfunktion ζ für einen Datenpunkt x können z_l^j sowie N_l als wichtige Zwischenergebnisse abgespeichert werden. Diese werden dann während der *Rückpropagation (RP)* zur Auswertung der δ_j^l und schließlich zur Berechnung des Gradienten verwendet. Mit der Kettenregel ergibt sich für die Ausgabeschicht L

$$\delta_L^j = \frac{\partial \zeta(\theta, x)}{\partial z_L^j} = \frac{\partial \zeta(\theta, x)}{\partial N_L^j} \frac{\partial N_L^j}{\partial z_L^j} = \frac{\partial \zeta(\theta, x)}{\partial F_\theta^j} \varphi_L'(z_L^j). \tag{2.6}$$

Entsprechend folgt für alle weiteren Schichten $l < L$

$$\delta_l^j = \frac{\partial \zeta(\theta, x)}{\partial z_l^j} = \sum_k \frac{\partial \zeta(\theta, x)}{\partial z_{l+1}^k} \frac{\partial z_{l+1}^k}{\partial z_l^j} = \sum_k \delta_{l+1}^k \frac{\partial z_{l+1}^k}{\partial z_l^j},$$

wobei die hinteren Terme durch

$$\frac{\partial z_{l+1}^k}{\partial z_l^j} = \frac{\partial(w_{l+1}^k \cdot \varphi_l(Z_l) + v_{l+1}^k)}{\partial z_l^j} = [w_{l+1}^k]^j \varphi_l'(z_l^j)$$

dargestellt werden können. Dabei beschreibt $[w_{l+1}^k]^j$ den j-ten Eintrag des Vektors w_{l+1}^k. Insgesamt gilt damit

$$\delta_l^j = \sum_k \delta_{l+1}^k [w_{l+1}^k]^j \varphi_l'(z_l^j). \tag{2.7}$$

Da die Berechnung des Gradienten durch die Rückpropagierung der Informationen durch das Neuronale Netz erfolgt, spricht man beim Verwenden der vorigen Gleichungen vom Backpropagation Algorithmus. Dieser kann innerhalb der Abstiegsverfahren aus Abschnitt 2.2.1 verwendet werden. Das resultierende Vorgehen ist in Algorithmus 2.8 zusammengefasst und die Anwendung für ein Neuronales Netz mit einer versteckten Schicht ist in Abbildung 2.4 dargestellt.

Algorithmus 2.8 (Adam Gradientenabstieg mit Backpropagation)
Für ein Neuronales Netz mit L Schichten ergibt sich der Adam Gradientenabstieg (GA) *mit Backpropagation für den Datenpunkt x wie folgt:*

(VP) Für $l = 2, \ldots, L$ berechne sukzessive Z_l sowie N_l nach (2.2) und (2.3).

(RP) Für $l = L, \ldots, 2$ berechne sukzessive δ_l nach (2.6) beziehungsweise (2.7).

(GA) Bestimme $\nabla_\theta \zeta(\theta, x)$ durch (2.4) sowie (2.5) und führe das Parameterupdate nach Algorithmus 2.7 aus.

Für ein Minibatch $[x]$ können die Schritte (VP) und (RP) für alle Datenpunkte parallel ausgeführt werden.

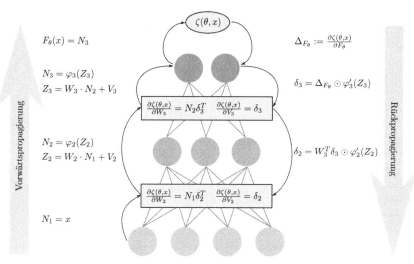

$F_\theta(x) = N_3$

$\Delta_{F_\theta} := \frac{\partial \zeta(\theta,x)}{\partial F_\theta}$

$N_3 = \varphi_3(Z_3)$
$Z_3 = W_3 \cdot N_2 + V_3$

$\delta_3 = \Delta_{F_\theta} \odot \varphi_3'(Z_3)$

$\frac{\partial \zeta(\theta,x)}{\partial W_3} = N_2 \delta_3^T \quad \frac{\partial \zeta(\theta,x)}{\partial V_3} = \delta_3$

$N_2 = \varphi_2(Z_2)$
$Z_2 = W_2 \cdot N_1 + V_2$

$\delta_2 = W_3^T \delta_3 \odot \varphi_2'(Z_2)$

$\frac{\partial \zeta(\theta,x)}{\partial W_2} = N_1 \delta_2^T \quad \frac{\partial \zeta(\theta,x)}{\partial V_2} = \delta_2$

$N_1 = x$

Vorwärtspropagierung

Rückpropagierung

Abbildung 2.4: Gradientenberechnung durch Backpropagation für ein Neuronales Netz mit einer versteckten Schicht. Der Operator $\odot$ bezeichnet das Hadamard-Produkt.

3 Deep Reinforcement Learning

Die Interaktion mit der umgebenden Welt kann als eine Grundlage des menschlichen Lernens betrachtet werden [93]. Kinder, welche die nötigen motorischen Abläufe zum Besteigen einer Treppe erlernen, haben dafür keinen direkten Lehrer. Stattdessen erarbeiten sie sich die entsprechenden Bewegungsabläufe durch Fehlschläge und Erfolge, durch das Studieren der Wirkung bestimmter Handlungen. Letztendlich erreichen sie damit das übergeordnete Ziel des Treppenaufstiegs, indem sie nach und nach einzelne Stufen bewältigen. Diesem grundlegenden Paradigma folgt das maschinelle Lernen durch Reinforcement Learning. In dessen Zentrum soll ein *Agent* ein langfristiges Ziel durch das Ausüben sinnvoller Aktionen erreichen. Durch ein Feedback zu diesen Handlungen kann er sich dann sukzessive verbessern.

Besondere Aufmerksamkeit hat dieser Ansatz in den Jahren 2015 und 2016 erlangt, als die besten menschlichen Spieler des Brettspiels Go sich gegen die Software ALPHAGO [89] sowie deren Nachfolger ALPHAGO ZERO [90] geschlagen geben mussten. Im Vergleich zu Schach bietet Go deutlich mehr Zugkombinationen und es ist wesentlich schwerer zu beurteilen, welcher Spieler zurzeit in Führung liegt. Go konnte daher bis zu diesem Zeitpunkt von keinem Computerprogramm auf höchstem Niveau gelöst werden. Nachdem der amtierende Schach-Weltmeister 1997 durch das Programm DEEP BLUE geschlagen wurde, galt Go als die neue *Grand Challenge* des Maschinellen Lernens [95]. Diese konnte mit ALPHAGO ZERO durch reines Reinforcement Learning bewältigt werden, wobei der Agent bei diesem Verfahren als ein Neuronales Netz definiert wurde. Dessen Gewichte wurden durch spezielle Algorithmen im Rahmen des Deep Reinforcement Learning trainiert, was eine Kombination von Optimierungsverfahren des Deep Learning mit Konzepten des Reinforcement Learning beschreibt.

Neben Anwendungen in diversen anderen Spielen können ähnliche Ansätze auch zur Steuerung von dynamischen Systemen, wie zum Beispiel humanoiden Robotern [69], oder sogar zur Auswahl von Architekturen Neuronaler Netze für bestimmte Aufgaben genutzt werden [96]. Ein klassisches Ergebnis ist auch die Identifikation der Parameter eines Riccati-Reglers, um zum Beispiel einen Helikopter zu steuern [2].

In dieser Arbeit werden aktuelle Erkenntnisse des Deep Reinforcement Learning genutzt, um ein Neuronales Netz als Regler für ein autonomes Fahrzeug zu trainieren. Grundlegende Begriffe dazu werden in Abschnitt 3.1 eingeführt, um anschließend das Lernverfahren in Abschnitt 3.2 herzuleiten. Als Referenz dazu werden, wenn nicht anders gekennzeichnet, die Lehrbücher von SUTTON und BARTO [93] sowie WIERING und OTTERLO [105] genutzt.

Zusatzmaterial online
Zusätzliche Informationen sind in der Online-Version dieses Kapitel (https://doi.org/10.1007/978-3-658-28886-0_3) enthalten.

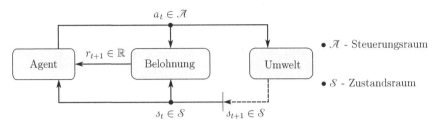

Abbildung 3.1: Wechselwirkung der drei Hauptelemente des Reinforcement Learning

3.1 Charakteristiken des Reinforcement Learning

Jede Aufgabenstellung des Reinforcement Learning beinhaltet drei wesentliche Komponenten: den *Agenten*, die *Umwelt* sowie die *Belohnung*. Diese stehen wie in Abbildung 3.1 dargestellt miteinander in Verbindung. Allgemein soll der Agent durch Interaktion mit der Umwelt ein gegebenes Ziel möglichst gut erreichen. Die Wechselwirkung wird an diskreten Zeitschritten $t = 0, 1, 2, \ldots$ betrachtet. In einem Kreislauf bekommt der Agent seinen aktuellen Zustand $s_t \in \mathcal{S}$ von der Umwelt mitgeteilt und wählt auf dieser Basis ein Steuersignal $a_t \in \mathcal{A}$ aus. Dessen Wirkung wird von der Umwelt durch einen neuen Zustand $s_{t+1} \in \mathcal{S}$ mitgeteilt. Das Gesamtziel ist indirekt durch die Belohnungsfunktion $r : \mathcal{S} \times \mathcal{S} \times \mathcal{A} \to \mathbb{R}$ definiert. Diese stellt dem Agenten für jedes (s_{t+1}, s_t, a_t)-Tripel ein Feedback

$$r_{t+1} = r(s_{t+1}, s_t, a_t) \quad \text{mit} \quad |r| \leq \bar{r}$$

bereit, welches durch $\bar{r}$ beschränkt ist.

Auf der Grundlage dieser drei Elemente ist eine abstrakte Beschreibung möglich, die auf viele Problemstellungen angewendet werden kann. Ein Modellbeispiel dazu ist das inverse Pendel aus Abbildung 3.2. Der Wagen bewegt sich hier entlang der x-Richtung mit Geschwindigkeit v. Die Aufgabe des Agenten ist es durch instantan änderbare Beschleunigungswerte möglichst kleine Winkel ϑ einzustellen, also den Stab senkrecht nach oben zu halten. Dieser bewegt sich mit der Winkelgeschwindigkeit ω. Dieses Ziel könnte durch eine Belohnung

$$r_t = \begin{cases} 1, & \text{wenn } |\vartheta_t| < \vartheta^* \\ 0, & \text{sonst} \end{cases}$$

beschrieben werden, welche für jeden Zeitschritt kleine Auslenkungen bis zu ϑ^* fordert.

Die folgenden Abschnitte 3.1.1 und 3.1.2 konkretisieren Eigenschaften von Umwelt und Agent. Insbesondere wird dabei noch einmal auf das Modellbeispiel des inversen Pendels zurückgegriffen.

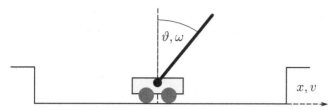

Abbildung 3.2: Inverses Pendel als Beispiel eines Reinforcement Learning Problems

3.1.1 Annahmen an die Umwelt

Je nach betrachteter Anwendung kann die Umwelt durch bestimmte Eigenschaften charakterisiert werden. Diese können sowohl Einfluss auf theoretische Betrachtungen als auch auf die exakte Ausgestaltung von Lösungsalgorithmen haben.

i. **Beobachtbarkeit:** Stellt das Zustandssignal zu jeder Zeit alle *relevanten* Informationen dar, die Einfluss auf die Entscheidungsfindung haben können?

ii. **Determinismus:** Ist der resultierende Zustand für eine bestimmte Aktion fest oder gibt es eine stochastische Komponente?

iii. **Zeithorizont:** Handelt es sich um eine zeitlich begrenzte, *episodische* Aufgabe mit $t \leq T$ oder ist der Zeithorizont unendlich?

iv. **Eigendynamik:** Ist die Umwelt, unabhängig vom Agenten, dynamisch oder statisch?

v. **Zustandsraum:** Sind die Zustände diskret oder kontinuierlich?

vi. **Steuerungsraum:** Sind die möglichen Steuersignale diskret oder kontinuierlich?

Im weiteren Verlauf dieses Kapitels werden sowohl Steuerungen $\mathcal{A} \subset \mathbb{R}^{n_{\mathcal{A}}}$ als auch Zustände $\mathcal{S} \subset \mathbb{R}^{n_{\mathcal{S}}}$ allgemein als kontinuierlich und beschränkt betrachtet und die Umwelt als stochastisch. Damit ergibt sich der Übergang zu einem neuen Zustand s_{t+1} durch die Wahrscheinlichkeitsdichtefunktion

$$U(s_{t+1}, s_t, a_t, s_{t-1}, a_{t-1}, \ldots)$$

und damit die Wahrscheinlichkeit für $s_{t+1} \in \hat{\mathcal{S}} \subset \mathcal{S}$ durch

$$P(s_{t+1} \in \hat{\mathcal{S}} | s_t, a_t, s_{t-1}, a_{t-1}, \ldots) = \int_{\hat{\mathcal{S}}} U(s', s_t, a_t, s_{t-1}, a_{t-1}, \ldots) \, \mathrm{d}s'.$$

Diese hängt ohne genauere Spezifikation des Problems von der gesamten Trajektorie ab. Im Beispiel des inversen Pendels aus Abbildung 3.2 ergibt sich dieser Fall, wenn das Zustandssignal mindestens eines der Geschwindigkeiten v oder ω nicht enthält. Hängt die Übergangswahrscheinlichkeit nur vom letzten Zustand ab, spricht man von der *Markov Eigenschaft*.

Definition 3.1 (Markov Entscheidungsprozess) *Das Zustandssignal hat die* Markov *Eigenschaft, falls die Wahrscheinlichkeitsdichtefunktion für Übergänge zwischen den Zuständen*

$$\mathscr{P}_{s_t a_t}^{s_{t+1}} := U(s_{t+1}, s_t, a_t)$$

nur vom vorigen Zeitschritt t abhängt. Die erwartete Belohnung ist gegeben als

$$\mathscr{R}_{s_t a_t} := \mathbb{E}(r_{t+1} | s_t, a_t) = \int_{\mathcal{S}} \mathscr{P}_{s_t a_t}^{s'} r(s', s_t, a_t) \, d\, s'.$$

Ein Reinforcement Learning Problem, das die Markov Eigenschaft erfüllt, heißt Markov Entscheidungsprozess (MDP).

Die Markov Eigenschaft ist eine der grundlegenden Voraussetzungen für die folgenden Betrachtungen sowie für die Theorie des Reinforcement Learning allgemein. Bei vielen realen Problemen ist die Ausgangslage s_0 des Agenten zudem durch bestimmte Eigenschaften gekennzeichnet, welche im weiteren Verlauf der Arbeit durch eine Wahrscheinlichkeitsdichte $\mathscr{P}_0$ berücksichtigt werden.

3.1.2 Beschreibung des Agenten

Die Aufgabe des Agenten eines MDP ist es, durch Interaktion mit der Umwelt ein implizit gegebenes Ziel möglichst gut zu erreichen. Dazu müssen zum Beispiel der Einfluss der eigenen Dynamik oder der Inhalt der Belohnungsfunktion verstanden werden. Bei iterativen Verfahren für Probleme mit hochdimensionalen oder kontinuierlichen Zustands- und Steuerräumen kann dies nur durch eine hinreichend große *Exploration* erreicht werden. Auf der Suche nach langfristig hohen Belohnungen wird dabei ein möglichst breites Spektrum des MDP untersucht. Aus einer anderen Perspektive ist es jedoch ebenfalls sinnvoll, einen bereits vielversprechenden Weg weiter zu verbessern. Durch diese *Exploitation* soll ein möglichst optimales Ergebnis erzielt werden. Das Abwägen beider Verhalten wird *Explorations-Exploitations-Dilemma* genannt und ist eine wesentliche Komponente beim Lösen vieler Probleme des Reinforcement Learning. Ein möglicher Ansatz ist das Auswählen von teilweise zufälligen Steuerungen während des Trainingsprozesses. Alternativ ist das Verwenden eines probabilistischen Modells möglich, der *Policy*.

Definition 3.2 (Policy) *Eine* Policy $\pi : \mathcal{S} \times \mathcal{A} \to \mathbb{R}$ *ist eine in* $\mathcal{A}$ *integrierbare Funktion mit den Eigenschaften*

$$\pi(s_t, a_t) \geq 0 \quad \textit{für} \quad a_t \in \mathcal{A}, s_t \in \mathcal{S} \quad \textit{und} \quad \int_{\mathcal{A}} \pi(s_t, a) \, d\, a = 1,$$

welche die vom Zustand s_t abhängige Wahrscheinlichkeitsdichte für die Wahl der Steuerung a_t beschreibt.

Während des Lernprozesses können Steuerungen auf Grundlage der Wahrscheinlichkeitsverteilung der Policy ausgewählt und so eine Exploration in der Umgebung des aktuellen

Erwartungswertes erreicht werden. Das Modell kann auf diese Weise selbst lernen, wann es sicherer werden und eine stärkere Exploitation durchführen sollte. Das Folgen einer Policy π in einem MDP führt zu einer Abfolge von Zuständen und Steuerungen - einer *Trajektorie*.

Definition 3.3 (Trajektorie) *Eine* Trajektorie $\mathcal{T} \in \mathbb{S}(\mathcal{T})$ *mit*

$$\mathbb{S}(\mathcal{T}) = \mathcal{S} \times \mathcal{A} \times \mathcal{S} \times \mathcal{A} \times \mathcal{S} \times \dots$$

beschreibt die Abfolge von Zuständen und Steuerungen $\{s_0, a_0, s_1, a_1, s_2 \dots\}$ *beim Ausführen einer Policy in einem MDP, nämlich*

$$s_0 \sim \mathscr{P}_0(s_0), \quad a_t \sim \pi(s_t, a_t), \quad s_{t+1} \sim \mathscr{P}^{s_{t+1}}_{s_t, a_t}.$$

Ist der Beginn der Trajektorie nicht durch die Anfangsverteilung $\mathscr{P}_0$ gegeben, wird dies mit

$$\mathcal{T}(s_0 = s) \quad oder \quad \mathcal{T}(s_0 = s, a_0 = a)$$

gekennzeichnet. Eine Trajektorie bis zum Zustand oder zur Steuerung T heißt $\mathcal{T}_{T|\mathcal{S}}$ beziehungsweise $\mathcal{T}_{T|\mathcal{A}}$.

Damit eine Policy ein langfristiges Ziel erreicht, kann sie die kumulative Belohnung $\bar{\eta} = r_0 + r_1 + \dots$, auch *Gewinn* genannt, maximieren. Dieser ist nur für eine endliche Folge von nicht-trivialen Belohnungen definiert, kann jedoch durch das Konzept des *diskontierten Gewinns* verallgemeinert werden. Damit ergibt sich ein einheitliches Modell zur Behandlung von episodischen, aber auch unendlichen Zeithorizonten.

Lemma 3.4 (Erwarteter diskontierter Gewinn) *Für eine Policy π ist der* erwartete diskontierte Gewinn

$$\eta(\pi) := \mathbb{E}_{\mathcal{T}} \left[\sum_{t=0}^{\infty} \gamma^t r_{t+1} \right]$$

wohldefiniert. Der Parameter $\gamma \in [0; 1]$ heißt Diskont. Für episodische Probleme wird $r_{t>T} = 0$ definiert und sonst $\gamma < 1$ gefordert.

Beweis: Für episodische Probleme ist die Aussage trivial. Für den unendlichen Fall sei η_T als

$$\eta_T := \mathbb{E}_{\mathcal{T}_{T|\mathcal{S}}} \left[\sum_{t=0}^{T-1} \gamma^t r_{t+1} \right]$$

$$= \int_{\mathcal{T}_{T|\mathcal{S}}} \mathscr{P}_0(s_0) \left[\prod_{k=0}^{T-1} \pi(s_k, a_k) \mathscr{P}^{s_{k+1}}_{s_k a_k} \right] \sum_{t=0}^{T-1} \gamma^t r_{t+1} \, \mathrm{d}\mathcal{T}_{T|\mathcal{S}}$$

definiert. Dann gilt für $n, m \in \mathbb{N}$ und o.B.d.A. mit $n > m$, dass der Erwartungswert

$$\eta_m := \mathbb{E}_{\mathcal{T}_{m|s}} \left[\sum_{t=0}^{m-1} \gamma^t r_{t+1} \right] = \mathbb{E}_{\mathcal{T}_{n|s}} \left[\sum_{t=0}^{m-1} \gamma^t r_{t+1} \right]$$

auf $\mathcal{T}_{n,s}$ erweitert werden kann. Daraus folgt die Konvergenz

$$|\eta_n - \eta_m| = \left| \int_{\mathcal{T}_{n|s}} \mathscr{P}_0(s_0) \left[\prod_{k=0}^{n-1} \pi(s_k, a_k) \mathscr{P}_{s_k a_k}^{s_{k+1}} \right] \sum_{t=m}^{n-1} \gamma^t r_{t+1} \, \mathrm{d}\, \mathcal{T}_{n|s} \right| \overset{n,m \to \infty}{\longrightarrow} 0,$$

da $\gamma < 1$ und r beschränkt ist. Folglich ist η_T eine Cauchy-Folge und der Erwartungswert $\mathbb{E}_{\mathcal{T}}$ wohldefiniert. $\qquad\square$

Je kleiner der Diskontwert γ ist, desto mehr Fokus wird auf kurzfristige Erfolge gelegt. Für episodische Probleme kann auch $\gamma = 1$ verwendet werden. Eine gute Policy kennzeichnet sich durch einen hohen erwarteten Gewinn. Zu deren Suche haben sich die sogenannten Bewertungsfunktionen als hilfreich bewährt.

Definition 3.5 (Bewertungsfunktionen) *Für gegebene Policy π und Diskont γ wird der Wert eines Zustandes $s_t \in \mathcal{S}$ als künftiger zu erwartender Gewinn definiert. Dieser ist durch die* Zustand-Bewertungsfunktion

$$V^\pi(s_t) = \mathbb{E}_{\mathcal{T}(s_t)} \left[\sum_{k=0}^{\infty} \gamma^k r_{t+k+1} \right]$$

beschrieben. Wird im ersten Schritt eine beliebige Steuerung a ausgeführt, erhält man die Steuerung-Bewertungsfunktion

$$Q^\pi(s_t, a) = \mathbb{E}_{\mathcal{T}(s_t, a)} \left[\sum_{k=0}^{\infty} \gamma^k r_{t+k+1} \right].$$

Die Differenz der beiden

$$A^\pi(s_t, a) = Q^\pi(s_t, a) - V^\pi(s_t)$$

heißt Advantage.

Bemerkung 3.6 *Die Beschränktheit der Belohnung überträgt sich ebenso auf den erwarteten Gewinn sowie die Bewertungsfunktionen und die Advantage.*

Die Verbesserung der Bewertungsfunktionen in jedem Zustand führt automatisch auch zu einer besseren Policy im Sinne des diskontierten Gewinns. Dies wird in Abschnitt 3.2 zum Training eines Agenten ausgenutzt.

3.2 Lernverfahren

Neuronale Netze haben in den letzten Jahren eine herausragende Bedeutung als Funktionsapproximatoren für ansonsten schwer zu beschreibende Zusammenhänge gewonnen. Insbesondere können deren positive Eigenschaften auch zum Lernen einer parametrisierten Policy genutzt werden. Dazu werden häufig die bekannten Ansätze aus dem Reinforcement Learning mit den Optimierungsalgorithmen für Neuronale Netze verbunden. Dies betrifft vor allem eine Kombination der Backpropagation aus Algorithmus 2.8 mit *Temporal-Difference*-Methoden (kurz: TD-Methoden). Letztere zeichnen sich dadurch aus, dass das Lernen der Policy auf Basis der Schätzung einer Bewertungsfunktion durchgeführt wird.

Einer der ersten Erfolge durch diesen Ansatz war das Programm TD-GAMMON aus den 1980er Jahren, welches das Spiel Backgammon auf höchstem Niveau erlernen konnte [99]. Aktuelle Lernverfahren, basierend auf Deep-Q-Networks [63] sowie deren Erweiterungen [33], [103], können für verschiedenste Spiele eine Policy auf menschlichem Niveau erlernen. Die hieraus resultierenden Agenten sind jedoch nur in der Lage, Prozesse mit diskreten Steuergrößen zu beeinflussen. Zur Steuerung von dynamischen Systemen, wie beispielsweise Robotern, sind dagegen meist kontinuierliche Signale nötig. Neben Erweiterungen des Q-Learning [55] sind hierbei insbesondere Algorithmen basierend auf dem *Actor-Critic*-Konzept erfolgreich. Zu erwähnen sind das asynchrone Mehrschrittverfahren A3C [62], dessen Gegenstück ACER [102] sowie die Proximal-Policy-Optimierung (PPO) [88] basierend auf der Trust-Region-Policy-Optimierung (TRPO) [86]. In dieser Arbeit wird die PPO verwendet und in den nächsten Abschnitten eingeführt.

3.2.1 Actor-Critic-Methoden

Der Actor-Critic-Ansatz ist eine TD-Methode und beschreibt ein allgemeines Konzept zum Lernen einer Policy π_θ (der *Actor*) auf Basis einer geschätzten Zustand-Bewertungsfunktion V^θ (der *Critic*). Diese können beispielsweise parametrisiert in Form von Neuronalen Netzen gegeben sein. Für eine einfache Notation werden dabei alle Parameter zu θ zusammengefasst, auch wenn es sich bei den vorigen generell um zwei voneinander losgelöste Funktionen handelt.

Zunächst wird ein Zustand s_t betrachtet, der durch die Steuerung a_t in den Zustand s_{t+1} mit Belohnung r_{t+1} überführt wird. Für die exakte Bewertungsfunktion V^{π_θ} zu π_θ gilt

$$V^{\pi_\theta}(s_t) = \mathbb{E}_{\mathcal{T}(s_t)}\left[\sum_{k=0}^{\infty} \gamma^k r_{t+k+1}\right]$$

$$= \mathbb{E}_{\mathcal{T}(s_t)}\left[r_{t+1} + \gamma\sum_{k=0}^{\infty} \gamma^k r_{t+k+2}\right]$$

$$= \mathbb{E}_{\mathcal{T}(s_t)}\left[r_{t+1} + \gamma V^{\pi_\theta}(s_{t+1})\right],$$

wobei im letzten Schritt die Linearität des Erwartungswertes ausgenutzt wird. Dies motiviert die Definition des TD-Fehlers

$$\delta_t^\theta := r_{t+1} + \gamma V^\theta(s_{t+1}) - V^\theta(s_t), \tag{3.1}$$

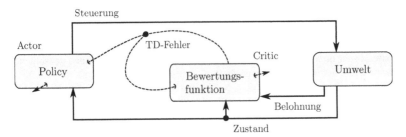

Abbildung 3.3: Actor-Critic-Lernarchitektur basierend auf dem TD-Fehler

welcher die Abweichung der aktuellen Bewertungsfunktion V^θ von der wahrgenommenen Wirklichkeit misst. Dieser Term ist die Grundlage der TD-Methoden und kann zum
Beispiel nach jedem Zeitschritt als Fehlermaß zur Optimierung des Modells V^θ genutzt
werden.

Der TD-Fehler δ_t^θ stellt zudem eine Approximation $\hat{A}_t$ an die Advantage-Funktion dar,
denn

$$
\begin{aligned}
\mathbb{E}_{s_{t+1}}[\delta_t^{\pi_\theta}] &= \mathbb{E}_{s_{t+1}}[r_{t+1} + \gamma V^{\pi_\theta}(s_{t+1}) - V^{\pi_\theta}(s_t)] \\
&= \mathbb{E}_{s_{t+1}}[r_{t+1} + \gamma V^{\pi_\theta}(s_{t+1})] - V^{\pi_\theta}(s_t) \\
&= Q^{\pi_\theta}(s_t, a_t) - V^{\pi_\theta}(s_t) \\
&= A^{\pi_\theta}(s_t, a_t).
\end{aligned}
\tag{3.2}
$$

Die Advantage-Funktion misst per Definition, ob und wie viel eine gewählte Aktion besser
oder schlechter ist als zurzeit erwartet. Deren Approximation $\hat{A}_t$ kann somit zur Verbesserung des Verhaltens von π_θ verwendet werden.

Insgesamt trainiert der Actor-Critic-Ansatz beide Modelle π_θ sowie V^θ simultan, wie in
Abbildung 3.3 dargestellt. Die Policy - der Actor - wählt Steuerungen aus und vergleicht
dabei mit der Bewertungsfunktion - dem Critic - ob die aktuelle Strategie verbessert
werden kann. Zeitgleich wird auch die Schätzung des Zustandswertes an die neuen Erkenntnisse angepasst. Die Herleitung von konkreten Kostenfunktionen ζ_V und ζ_π für beide
Modelle im Sinne von Abschnitt 2.2 ist Inhalt der nächsten Abschnitte.

3.2.2 Verallgemeinerte Approximation der Advantage

Dieser Abschnitt führt eine verbesserte Approximation der Advantage-Funktion als
Grundlage für das Training der Modelle V^θ sowie π_θ ein. Wie zuvor erläutert, eignet
sich der TD-Fehler nach einem Zeitschritt (3.1) als Schätzung

$$
\hat{A}_t^1 := r_{t+1} + \gamma V^\theta(s_{t+1}) - V^\theta(s_t) = \delta_t^\theta
\tag{3.3}
$$

und kann zum Beispiel als direktes Fehlermaß für die aktuelle Bewertungsfunktion angesehen werden. Die Herleitung von δ_t^θ kann auf das Einbeziehen aller zukünftigen Beloh-

nung durch das Folgen von π_θ erweitert werden, wodurch man die alternative Definition

$$\hat{A}_t^\infty := \sum_{k=0}^\infty \gamma^l r_{t+k+1} - V^\theta(\delta_t) \qquad (3.4)$$

erhält. Aus Sicht der Statistik unterscheiden sich beide Schätzungen durch ihre *Verzerrung* und *Varianz*.

Definition 3.7 (Verzerrung und Varianz eines Schätzers) *Seien* $x_1, \ldots, x_n \in X$ *Punkte zu verrauschten Messdaten*

$$\hat{y}_i = f(x_i) + \epsilon,$$

wobei für den normalverteilten Rauschterm ϵ der Erwartungswert 0 und die Varianz σ^2 angenommen wird. Für einen Schätzer $\hat{f}$ zu f gilt für den erwarteten Fehler [31]

$$\mathbb{E}_{x \sim X}\{(f(x) - \hat{f}(x))^2\} = \mathrm{Bias}[\hat{f}]^2 + \mathrm{Var}[\hat{f}] + \sigma^2$$

mit

| [Verzerrung] | $\mathrm{Bias}[\hat{f}]$ | $:= \mathbb{E}_{x \sim X}\{\hat{f}(x) - f(x)\}$ | *und* |
| [Varianz] | $\mathrm{Var}[\hat{f}]$ | $:= \mathbb{E}_{x \sim X}\{(\hat{f}(x) - \mathbb{E}_{x \sim X}\{\hat{f}(x)\})^2\}.$ | |

Die Verzerrung beschreibt den mittleren Fehler eines Schätzers und die Varianz dessen Schwankungsbreite bezüglich der Zufallsvariable X. Die Güte einer Approximation hängt insgesamt von beiden Eigenschaften ab. SCHULMAN et al. [87] zeigen, dass $\hat{A}_t^1$ zu vergleichsweise hoher Verzerrung und $\hat{A}_t^\infty$ zu starker Varianz führt. Als Kompromiss eignet sich die *verallgemeinerte Approximation der Advantage* $A_t^{\gamma,\lambda}$. Dazu werden die bestehenden Definitionen (3.3) und (3.4) zunächst durch

$$\hat{A}_t^K := \sum_{k=0}^{K-1} \gamma^k \delta_{t+k}^\theta = \sum_{k=0}^{K-1} \left[\gamma^k r_{t+k+1}\right] + \gamma^K V^\theta(\delta_{t+K}) - V^\theta(\delta_t), \quad K \in \mathbb{N}$$

verallgemeinert. Es gilt insbesondere die Konvergenz

$$\hat{A}_t^\infty = \lim_{K \to \infty} \hat{A}_t^K.$$

Die resultierenden Terme ermöglichen ein Abwägen von Verzerrung und Varianz zwischen den beiden Extremen. Experimentelle Ergebnisse zeigen, dass sich jedoch besonders ein exponentielles Mitteln über alle Terme eignet. Mit dem Parameter $\lambda \in [0; 1)$ ergibt sich dann die verallgemeinerte Advantage als

$$\hat{A}_t^{\gamma,\lambda} := (1 - \lambda) \sum_{k=0}^\infty \lambda^k \hat{A}_t^k.$$

Hier gilt die absolute Konvergenz der Reihe, sodass diese umgeordnet werden kann zu

$$\hat{A}_t^{\gamma,\lambda} = (1 - \lambda)\left(\delta_t^\theta(1 + \lambda + \lambda^2 + \ldots) + \gamma\delta_{t+1}^\theta(\lambda + \lambda^2 + \lambda^3 + \ldots) + \ldots\right)$$

$$= (1 - \lambda)\left(\delta_t^\theta\left(\frac{1}{1-\lambda}\right) + \gamma\delta_{t+1}^\theta\left(\frac{\lambda}{1-\lambda}\right) + \ldots\right)$$

$$= \sum_{k=0}^\infty (\gamma\lambda)^k \delta_{t+k}^\theta. \qquad (3.5)$$

In der Anwendung kann dieser Ansatz genutzt werden, um eine stabile Schätzung für die Advantage-Funktion und damit die Grundlage für die Verbesserung von π_θ sowie zur Approximation von V^θ im Sinne von Abschnitt 3.2.1 zu erhalten. Gute Ergebnisse können oft mit $\lambda < \gamma$ erzielt werden. Zudem muss für die numerische Durchführung die Summation in (3.5) durch einen maximalen Zeitschritt T begrenzt werden. Dies ist jedoch konsistent mit dem Verfahren der Proximal-Policy-Optimierung, welches in den nächsten beiden Abschnitten eingeführt wird.

3.2.3 Monotone Policy Verbesserung

Dieser Abschnitt beschreibt zunächst die Theorie der Trust-Region-Policy-Optimierung, welche die monotone Verbesserung des Agenten in einem iterativen Verfahren garantiert. Diese ist Grundlage für die effiziente Proximal-Policy-Optimierung, welche in dieser Arbeit zur Definition von ζ_π verwendet wird. Die Herleitung basiert auf den Arbeiten [86], [45], [94] sowie [100] und [70], wird hier aber für kontinuierliche Zustands- und Steuerräume verallgemeinert. Ziel ist das Lernen einer großen, nichtlinearen Policy π_θ, zum Beispiel gegeben durch ein Neuronales Netz. Diese sei bezüglich der Parameter θ stetig differenzierbar. Zudem wird die Wahrscheinlichkeitsdichte für den Zustand $s_t = s$ entlang einer Trajektorie benötigt, welche durch

$$\mathscr{P}_t(s) = \int_{\mathbb{S}(\mathcal{T}_{t-1|\mathcal{A}})} \mathscr{P}_0(s_0) \prod_{k=0}^{t-2} \left[\pi_\theta(s_k, a_k) \mathscr{P}_{s_k a_k}^{s_{k+1}} \right] \pi_\theta(s_{t-1}, a_{t-1}) \mathscr{P}_{s_{t-1} a_{t-1}}^{s} \, \mathrm{d}\mathcal{T}_{t-1|\mathcal{A}} \tag{3.6}$$

beschrieben werden kann. Die diskontierte, nicht normalisierte Wahrscheinlichkeitsdichte ρ^{π_θ} eines Zustandes s ist damit durch

$$\rho^{\pi_\theta}(s) := \mathscr{P}_0(s) + \gamma \mathscr{P}_1(s) + \gamma^2 \mathscr{P}_2(s) + \dots \tag{3.7}$$

bestimmt, wobei

$$\int_{\mathcal{S}} \rho^{\pi_\theta}(s) \, \mathrm{d}s = (1 - \gamma)^{-1}$$

gilt. Damit kann der Gradient des erwarteten Gewinns berechnet werden.

Satz 3.8 (Policy Gradient) *Der Gradient des diskontierten erwarteten Gewinns heißt* Policy Gradient *und kann dargestellt werden als*

$$\nabla_\theta \eta(\pi_\theta) = \int_{\mathcal{S}} \rho^{\pi_\theta}(s) \int_{\mathcal{A}} \nabla_\theta \pi_\theta(s, a) A^{\pi_\theta}(s, a) \, \mathrm{d}a \, \mathrm{d}s. \tag{3.8}$$

Beweis: Dieser Beweis verallgemeinert die Herleitung in [94]. Der erwartete diskontierte Gewinn, ausgehend von einem bestimmten Element $s_0 \sim \mathscr{P}_0$ aus der Startverteilung, entspricht der Bewertungsfunktion $V^{\pi_\theta}(s_0)$. Für diese gilt per Definition

$$\nabla_\theta V^{\pi_\theta}(s_0) = \nabla_\theta \int_{\mathcal{A}} \pi_\theta(s_0, a) Q^{\pi_\theta}(s_0, a) \, \mathrm{d}a$$

$$= \int_{\mathcal{A}} Q^{\pi_\theta}(s_0, a) \nabla_\theta \pi_\theta(s_0, a) + \pi_\theta(s_0, a) \nabla_\theta Q^{\pi_\theta}(s_0, a) \, \mathrm{d}a \tag{3.9}$$

$$= \int_{\mathcal{A}} Q^{\pi_\theta}(s_0, a) \nabla_\theta \pi_\theta(s_0, a)$$

$$+ \pi_\theta(s_0, a) \nabla_\theta \left[\mathcal{R}_{s_0 a} + \int_{\mathcal{S}} \gamma \mathcal{P}_{s_0 a}^{s'} V^{\pi_\theta}(s') \, \mathrm{d}s' \right] \mathrm{d}a$$

$$= \int_{\mathcal{A}} Q^{\pi_\theta}(s_0, a) \nabla_\theta \pi_\theta(s_0, a) + \pi_\theta(s_0, a) \int_{\mathcal{S}} \gamma \mathcal{P}_{s_0 a}^{s'} \nabla_\theta V^{\pi_\theta}(s') \, \mathrm{d}s' \, \mathrm{d}a \tag{3.10}$$

mit der erwarteten Belohnung $\mathcal{R}_{s_0 a}$ nach Definition 3.1. In den Schritten (3.9) und (3.10) wurde Integration und Differentiation vertauscht, siehe dazu auch Bemerkung 3.11. Hier und im Folgenden wird angenommen, dass die parametrisierte Policy π_θ solche Umformungen zulässt. Der letzte Schritt enthält wieder den Ausgangsterm $\nabla_\theta V^{\pi_\theta}$. Durch wiederholtes Einsetzen lässt sich dies kompakt ausdrücken als

$$\nabla_\theta V^{\pi_\theta}(s_0) = \int_{\mathcal{S}} \sum_{t=0}^{\infty} \gamma^t \mathcal{P}_t(s | s_0) \int_{\mathcal{A}} Q^{\pi_\theta}(s, a) \nabla_\theta \pi_\theta(s, a) \, \mathrm{d}a \, \mathrm{d}s,$$

wobei $\mathcal{P}_t(s|s_0)$ der Wahrscheinlichkeitsdichte entspricht, nach der Zustand s in Schritt t beim Start in s_0 angenommen wird. Damit folgt zunächst

$$\nabla_\theta \eta(\pi_\theta) = \nabla_\theta \int_{\mathcal{S}} \mathcal{P}_0(s_0) V^{\pi_\theta}(s_0) \, \mathrm{d}s_0$$

$$= \int_{\mathcal{S}} \mathcal{P}_0(s_0) \nabla_\theta V^{\pi_\theta}(s_0) \, \mathrm{d}s_0 \tag{3.11}$$

$$= \int_{\mathcal{S}} \rho^{\pi_\theta}(s) \int_{\mathcal{A}} Q^{\pi_\theta}(s, a) \nabla_\theta \pi_\theta(s, a) \, \mathrm{d}a \, \mathrm{d}s. \tag{3.12}$$

Schließlich gilt $\int_{\mathcal{A}} \pi_\theta(s, a) \, \mathrm{d}a = 1$ für alle $s \in \mathcal{S}$, sodass mit der stetigen Differenzierbarkeit von π_θ

$$0 = \nabla_\theta \int_{\mathcal{A}} \pi_\theta(s, a) \, \mathrm{d}a = \int_{\mathcal{A}} \nabla_\theta \pi_\theta(s, a) \, \mathrm{d}a = \int_{\mathcal{A}} V^{\pi_\theta}(s) \nabla_\theta \pi_\theta(s, a) \, \mathrm{d}a$$

folgt. Zusammen mit (3.12) und der Definition der Advantage-Funktion impliziert dies die Behauptung des Satzes. $\qquad\Box$

Die Proximal-Policy-Optimierung basiert auf dem Vergleich von zwei *ähnlichen* Agenten. Diese können über das folgende Lemma miteinander in Zusammenhang gebracht werden.

Lemma 3.9 *Für zwei Policies* π *und* π_0 *stehen die erwarteten Gewinne durch*

$$\eta(\pi) = \eta(\pi_0) + \int_{\mathcal{S}} \rho^\pi(s) \int_{\mathcal{A}} \pi(s, a) A^{\pi_0}(s, a) \, \mathrm{d}a \, \mathrm{d}s$$

in Verbindung.

Beweis: Die folgende Herleitung ist eine Verallgemeinerung des Beweises in [86]. Sei $\mathcal{T}$ die Trajektorie beim Folgen von π. Dann gilt

$$
\begin{aligned}
\eta(\pi) &= \eta(\pi_0) + \mathbb{E}_{\mathcal{T}}\left\{ \sum_{t=0}^{\infty} \gamma^t r_{t+1} \right\} - \eta(\pi_0) \\
&= \eta(\pi_0) + \mathbb{E}_{\mathcal{T}}\left\{ \sum_{t=0}^{\infty} \gamma^t r_{t+1} \right\} - \mathbb{E}_{s_0}\left\{ V^{\pi_0}(s_0) \right\} \\
&= \eta(\pi_0) + \mathbb{E}_{\mathcal{T}}\left\{ \sum_{t=0}^{\infty} \gamma^t r_{t+1} - V^{\pi_0}(s_0) \right\} \\
&= \eta(\pi_0) + \mathbb{E}_{\mathcal{T}}\left\{ \sum_{t=0}^{\infty} \gamma^t r_{t+1} - \sum_{t=0}^{\infty} \gamma^t \left(\gamma V^{\pi_0}(s_{t+1}) - V^{\pi_0}(s_t) \right) \right\},
\end{aligned}
$$

wobei im letzten Schritt die absolute Konvergenz der neu eingeführten Reihe ausgenutzt wird. Durch den Zusammenhang zwischen dem TD-Fehler und der Advantage-Funktion aus (3.2) ergibt sich die kompakte Darstellung

$$
\begin{aligned}
\eta(\pi) &= \eta(\pi_0) + \mathbb{E}_{\mathcal{T}}\left\{ \sum_{t=0}^{\infty} \gamma^t \left(r_{t+1} - \gamma V^{\pi_0}(s_{t+1}) - V^{\pi_0}(s_t) \right) \right\} \\
&= \eta(\pi_0) + \mathbb{E}_{\mathcal{T}}\left\{ \sum_{t=0}^{\infty} \gamma^t \mathbb{E}_{s_{t+1}}\{\delta_t^{\pi_0}\} \right\} \\
&= \eta(\pi_0) + \mathbb{E}_{\mathcal{T}}\left\{ \sum_{t=0}^{\infty} \gamma^t A^{\pi_0}(s_t, a_t) \right\}.
\end{aligned} \tag{3.13}
$$

In (3.13) kann statt $\delta_t^{\pi_0}$ dessen Erwartungswert betrachtet werden, da bereits über die Trajektorie integriert wird. Dies kann wiederum als Reihe über die einzelnen Zustände ausgedrückt werden. Mit der Wahrscheinlichkeitsdichte $\mathscr{P}_t$ eines Zustandes bezüglich $\mathcal{T}$ nach (3.6) folgt

$$
\begin{aligned}
\eta(\pi) &= \eta(\pi_0) + \sum_{t=0}^{\infty} \int_{\mathcal{S}} \mathscr{P}_t(s) \int_{\mathcal{A}} \pi(s, a) \gamma^t A^{\pi_0}(s, a)\, \mathrm{d}a\, \mathrm{d}s \\
&= \eta(\pi_0) + \int_{\mathcal{S}} \sum_{t=0}^{\infty} \gamma^t \mathscr{P}_t(s) \int_{\mathcal{A}} \pi(s, a) A^{\pi_0}(s, a)\, \mathrm{d}a\, \mathrm{d}s \\
&= \eta(\pi_0) + \int_{\mathcal{S}} \rho^{\pi}(s) \int_{\mathcal{A}} \pi(s, a) A^{\pi_0}(s, a)\, \mathrm{d}a\, \mathrm{d}s.
\end{aligned} \tag{3.14}
$$

Das Vertauschen von Reihe und Integral in (3.14) kann mit dem Satz der majorisierten Konvergenz validiert werden. Im letzten Schritt wurde die Definition der diskontierten Wahrscheinlichkeitsdichte eines Zustandes genutzt, siehe (3.7). Insgesamt ergibt sich damit die Behauptung. $\qquad\square$

Lemma 3.9 beschreibt eine Möglichkeit zur Verbesserung der Policy π_θ. Bezogen auf die Parameter θ und θ_0 wird der erwartete Gewinn definiert als

$$\eta_{\theta_0}(\theta) := \eta(\pi_{\theta_0}) + \int_{\mathcal{S}} \rho^{\pi_\theta}(s) \int_{\mathcal{A}} \pi_\theta(s, a) A^{\pi_{\theta_0}}(s, a) \, \mathrm{d}a \, \mathrm{d}s. \tag{3.15}$$

Ist die erwartete Advantage $\int_{\mathcal{A}} \pi_\theta(s, a) A^{\pi_{\theta_0}}(s, a) \, \mathrm{d}a$ einer Policy π_θ für alle Zustände nichtnegativ, so ist eine Verbesserung sichergestellt. Im Allgemeinen ist zusätzlich die Wahrscheinlichkeitsdichte ρ^{π_θ} zu berücksichtigen. Um das Problem diesbezüglich zu vereinfachen bietet sich die Approximation

$$\kappa_{\theta_0}(\theta) := \eta(\pi_{\theta_0}) + \int_{\mathcal{S}} \rho^{\pi_{\theta_0}}(s) \int_{\mathcal{A}} \pi_\theta(s, a) A^{\pi_{\theta_0}}(s, a) \, \mathrm{d}a \, \mathrm{d}s$$

an; zu beachten ist die veränderte Wahrscheinlichkeitsdichte für die Integration über $\mathcal{S}$. Ein Vergleich mit Satz 3.8 und Lemma 3.9 zeigt, dass diese bis zur ersten Ordnung identisch mit dem erwarteten Gewinn ist, also

$$\kappa_{\theta_0}(\theta_0) \stackrel{(3.15)}{=} \eta_{\theta_0}(\theta_0),$$

$$\nabla_\theta \kappa_{\theta_0}(\theta)\big|_{\theta=\theta_0} \stackrel{(3.8)}{=} \nabla_\theta \eta_{\theta_0}(\theta)\big|_{\theta=\theta_0}.$$

Dies impliziert, dass ein genügend kleines Parameterupdate zur Verbesserung von κ_{θ_0} ebenfalls zu einem höheren erwarteten Gewinn η führt. Das folgende Theorem beschreibt, welche Schrittweiten dafür valide sind.

Satz 3.10 (Monotone Policy Verbesserung) *Für $\gamma < 1$ und zwei Wahrscheinlichkeitsdichten $p, q : X \subset \mathbb{R}^n \to \mathbb{R}_+$ sei*

$$D_{\mathrm{KL}}(p\|q) := \int_{\mathbb{R}^n} p(x) \ln\left(\frac{p(x)}{q(x)}\right) \mathrm{d}x$$

die Kullback-Leibler-Divergenz zum Messen ihrer Unterschiedlichkeit. Für zwei Policies π und π_0 ist

$$D_{\mathrm{KL}}^\infty(\pi, \pi_0) := \sup_{s \in \mathcal{S}} D_{\mathrm{KL}}(\pi(s, \cdot)\|\pi_0(s, \cdot))$$

entsprechend der maximale Unterschied bezüglich aller Zustände. Dann gilt

$$\eta(\pi_\theta) \geq \kappa_{\theta_0}(\theta) - C(\gamma, \pi_\theta, \pi_{\theta_0}) D_{\mathrm{KL}}^\infty(\pi_\theta, \pi_{\theta_0}), \quad mit \quad C(\gamma, \pi_\theta, \pi_{\theta_0}) \in \mathbb{R}_+. \tag{3.16}$$

Beweis: Ein konstruktiver Beweis wird von SCHULMAN ET AL. in [86] gezeigt. ◇

Eine iterative Maximierung der rechten Seite in (3.16) durch θ würde zu einer monotonen Verbesserung der parametrisierten Policy π_θ führen. Der folgende Abschnitt 3.2.4 beschreibt eine Approximation, die zu einer diskretisierten und effizienten Realisierung dieses Ansatzes führt.

Bemerkung 3.11 (Vertauschbarkeit von Integration und Differentiation) *In den Schritten* (3.9), (3.10) *und* (3.11) *wurden Differentiation und Integration von Bewertungsfunktionen vertauscht. Das ist in den meisten Anwendungen valide, muss aber abhängig von der Policy überprüft werden [52]. Ein Ansatz dazu ist Lebesgues Satz von der majorisierten Konvergenz. Da $\mathcal{S}$ und $\mathcal{A}$ beschränkt sind, ist dazu die stetige Differenzierbarkeit von V^{π_θ} und Q^{π_θ} bezüglich der Parameter θ von π_θ ausreichend. Eine Herangehensweise zu deren Untersuchung betrachtet eine Trajektorie $\mathcal{T}(\delta)$ beginnend in $\delta \in \mathcal{S}$, siehe zum Beispiel [100, 70]. Deren Wahrscheinlichkeitsdichte ist gegeben durch*

$$\mathscr{P}_{\mathcal{T}(\delta_0=\delta)} = \pi_\theta(\delta_0, a_0)\mathscr{P}^{\delta_1}_{\delta_0 a_0}\pi_\theta(\delta_1, a_1)\mathscr{P}^{\delta_2}_{\delta_1 a_1} \ldots = \prod_{t=0}^{\infty} \pi_\theta(\delta_t, a_t)\mathscr{P}^{\delta_{t+1}}_{\delta_t a_t}.$$

Damit folgt beispielsweise für die Zustand-Bewertungsfunktion

$$\nabla_\theta V^{\pi_\theta}(\delta) = \int_{\mathbb{S}(\mathcal{T}(\delta))} \nabla_\theta \mathscr{P}_{\mathcal{T}(\delta)} \left(\sum_{t=0}^{\infty} \gamma^t r_{t+1} \right) \mathrm{d}\,\mathcal{T}(\delta)$$

$$= \int_{\mathbb{S}(\mathcal{T}(\delta))} \mathscr{P}_{\mathcal{T}(\delta)} \nabla_\theta \ln(\mathscr{P}_{\mathcal{T}(\delta)}) \left(\sum_{t=0}^{\infty} \gamma^t r_{t+1} \right) \mathrm{d}\,\mathcal{T}(\delta)$$

$$= \mathbb{E}_{\mathcal{T}(\delta)} \left\{ \nabla_\theta \ln(\mathscr{P}_{\mathcal{T}(\delta)}) \left(\sum_{t=0}^{\infty} \gamma^t r_{t+1} \right) \right\}$$

$$= \mathbb{E}_{\mathcal{T}(\delta)} \left\{ \left(\sum_{t=0}^{\infty} \nabla_\theta \ln(\pi_\theta(\delta_t, a_t)) \right) \left(\sum_{t=0}^{\infty} \gamma^t r_{t+1} \right) \right\}.$$

In dieser Form kann von Glattheitseigenschaften der Policy auf die Bewertungsfunktion geschlossen werden. Der erste Schritt ist dabei für eine bezüglich ihrer Parameter stetig differenzierbaren Policy π_θ aufgrund der majorisierten Konvergenz valide.

3.2.4 Proximal-Policy-Optimierung

Basierend auf Satz 3.10 und [86] wird die Proximal-Policy-Optimierung in [88] eingeführt. Ziel ist die Maximierung von $\kappa_{\theta_0}(\theta)$ in der Nähe von θ_0. Es gilt

$$\arg\max_\theta \kappa_{\theta_0}(\theta) = \arg\max_\theta \int_{\mathcal{S}} \rho^{\pi_{\theta_0}}(\delta) \int_{\mathcal{A}} \pi_\theta(\delta, a) A^{\pi_{\theta_0}}(\delta, a) \,\mathrm{d}\,a \,\mathrm{d}\,\delta.$$

Für eine vereinfachte Approximation wird die diskontierte Wahrscheinlichkeitsdichte $\rho^{\pi_{\theta_0}}(\delta)$ durch $P^{\pi_{\theta_0}}(\delta)$ ersetzt - die Autrittswahrscheinlichkeit des Zustandes δ beim Folgen von π_{θ_0}. Die Integration über die Steuerungen kann zudem durch einen Erwartungswert über π_{θ_0} ausgedrückt werden. Ingesamt folgt

$$\arg\max_\theta \kappa_{\theta_0}(\theta) \approx \arg\max_\theta \mathbb{E}_{\delta \sim P^{\pi_{\theta_0}}(\delta)} \left\{ \int_{\mathcal{A}} \pi_\theta(\delta, a) A^{\pi_{\theta_0}}(\delta, a) \,\mathrm{d}\,a \right\}$$

$$= \arg\max_\theta \mathbb{E}_{\delta \sim P^{\pi_{\theta_0}}(\delta)} \left\{ \int_{\mathcal{A}} \pi_{\theta_0}(\delta, a) \frac{\pi_\theta(\delta, a)}{\pi_{\theta_0}(\delta, a)} A^{\pi_{\theta_0}}(\delta, a) \,\mathrm{d}\,a \right\}$$

$$= \arg\max_\theta \mathbb{E}_{\delta \sim P^{\pi_{\theta_0}}(\delta), a \sim \pi_{\theta_0}(\delta, a)} \left\{ \frac{\pi_\theta(\delta, a)}{\pi_{\theta_0}(\delta, a)} A^{\pi_{\theta_0}}(\delta, a) \right\}. \tag{3.17}$$

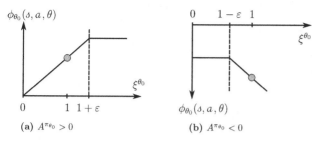

(a) $A^{\pi_{\theta_0}} > 0$ **(b)** $A^{\pi_{\theta_0}} < 0$

Abbildung 3.4: Maximierungsterm der Proximal-Policy-Optimierung für ein Tupel (s, a), abhängig von $A^{\pi_{\theta_0}}$. Der Punkt markiert den Start der Optimierung, ausgehend von π_{θ_0}.

Bei dieser Maximierung werden die Parameter der Policy in Richtung einer positiven Entwicklung der Advantage-Funktion verändert, vergleiche auch Abschnitt 3.2.1. Zur Definition der endgültigen Kostenfunktion ζ_π muss zusätzlich der Strafterm

$$C(\gamma) D_{\mathrm{KL}}^{\infty}(\pi_\theta, \pi_{\theta_0})$$

beachtet werden. Dieser führt dazu, dass sich die Parameter der neuen Policy nicht zu stark von θ_0 unterscheiden. Wird die Kullback-Leibler-Divergenz jedoch direkt berücksichtigt, ist ein Schritt des resultierenden Verfahrens entweder sehr aufwendig oder sehr klein [86]. Die Proximal-Policy-Optimierung stellt einen Kompromiss aus beiden Extremen dar. Für diese werden ein kleines $\varepsilon > 0$ als clip-Parameter gewählt und die Funktionen

$$\xi^{\theta_0}(s, a, \theta) := \frac{\pi_\theta(s, a)}{\pi_{\theta_0}(s, a)}$$

sowie

$$\mathrm{clip}(x, l, u) := \begin{cases} l, & \text{falls } x < l \\ u, & \text{falls } x > u \\ x, & \text{sonst} \end{cases}$$

definiert. Der zu maximierende PPO-Term $\tilde\zeta_\pi$ ergibt sich damit als

$$\tilde\zeta_\pi(\theta) := \mathbb{E}_{s \sim P^{\pi_{\theta_0}}(s), a \sim \pi_{\theta_0}(s, a)} \left\{ \phi_{\theta_0}(s, a, \theta) \right\} \quad \text{mit} \tag{3.18}$$

$$\phi_{\theta_0}(s, a, \theta) := \min \left[\xi^{\theta_0}(s, a, \theta) A^{\pi_{\theta_0}}(s, a), \, \mathrm{clip}(\xi^{\theta_0}(s, a, \theta), 1 - \varepsilon, 1 + \varepsilon) A^{\pi_{\theta_0}}(s, a) \right].$$

Bei diesem wird die Kullback-Leibler-Divergenz durch ein pessimistisches Abwägen von Termen ersetzt. Ziel ist die Optimierung der Parameter θ in einem mehrschrittigen Gradientenverfahren. Die Konstante ε misst dabei, wie lange die aktuelle Policy π_θ noch als ähnlich zum Ausgangspunkt π_{θ_0} gilt. Für ein (s, a)-Tupel mit resultierendem $1 - \varepsilon < \xi^{\theta_0}(s, a, \theta) < 1 + \varepsilon$ wird hinreichende Übereinstimmung angenommen und nur die Maximierung aus 3.17, ohne Strafterm, durchgeführt. Ansonsten gibt es für $A^{\pi_\theta}(s, a) \neq 0$ vier mögliche Fälle, welche auch in Abbildung 3.4 dargestellt sind. Insgesamt werden dabei Schritte abgebremst, die sich zu resolut von π_{θ_0} in positive Richtung verbessern.

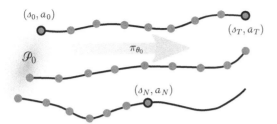

Abbildung 3.5: Generierung von Trajektorien durch π_{θ_0} zum Training von π_θ. Eine Trajektorie endet hier nach T Schritten, und es werden insgesamt N Datenpunkte erzeugt.

  i. $A^{\pi_{\theta_0}} > 0$ und $\xi^{\theta_0} > 1 + \varepsilon$: Die Wahrscheinlichkeit dieser positiven Steuerung ist für die aktuelle Policy π_θ im Vergleich zum Ausgangspunkt deutlich höher. $\tilde{\zeta}_\pi(\theta)$ wird durch $(1 + \varepsilon)A^{\pi_{\theta_0}}$ charakterisiert, wodurch der Gradient bezüglich θ verschwindet.

  ii. $A^{\pi_{\theta_0}} > 0$ und $\xi^{\theta_0} < 1 - \varepsilon$: Eine positive Steuerung ist durch die aktuelle Policy unwahrscheinlicher geworden. $\tilde{\zeta}_\pi(\theta)$ wird durch $\xi^{\theta_0}(\theta)A^{\pi_{\theta_0}}$ charakterisiert und kann so durch das Parameterupdate verbessert werden.

  iii. $A^{\pi_{\theta_0}} < 0$ und $\xi^{\theta_0} < 1 - \varepsilon$: Die schlechte Steuerung ist bereits für die aktuelle Policy unwahrscheinlicher geworden. $\tilde{\zeta}_\pi(\theta)$ wird durch $(1 - \varepsilon)A^{\pi_{\theta_0}}$ charakterisiert und somit nicht weiter in diese Richtung verbessert.

  iv. $A^{\pi_{\theta_0}} < 0$ und $\xi^{\theta_0} > 1 + \varepsilon$: Für die aktuelle Policy ist diese schlechte Steuerung wahrscheinlicher als vorher. In diesem Fall wird $\tilde{\zeta}_\pi(\theta)$ durch $\xi^{\theta_0}(\theta)A^{\pi_{\theta_0}}$ charakterisiert, wodurch eine Verbesserung durch den Gradientenschritt erreicht werden kann.

Für einen einzelnen Gradientenschritt auf Basis von (3.18) muss die Berechnung von Erwartungswerten sowie der exakten Advantage-Funktion durchgeführt werden. Zur numerischen Umsetzung kann dies durch eine Generierung von Trajektorien approximiert werden, wie in Abbildung 3.5 dargestellt. Dazu werden insgesamt N Datenpunkte, ausgehend von einem Startzustand $\jmath_0 \sim \mathscr{P}_0(\jmath_0)$, durch die Policy π_{θ_0} erzeugt. Endet eine Episode eines nicht-unendlichen MDP nach T Schritten, wird ein neuer Startzustand definiert. Da auf diese Weise Informationen über zusammenhängende Abfolgen von Zuständen vorliegen, kann für jeden Zeitschritt t die verallgemeinerte Approximation der Advantage-Funktion $\hat{A}_t^{\gamma,\lambda}$ nach (3.5) berechnet werden. Die Summierung wird dabei bis zum Ende des jeweils möglichen Betrachtungszeitraums durchgeführt.

Zur Abschätzung der Erwartungswerte für eine Gradientenberechnung werden $M \leq N$ zufällige Wertepaare als Minibatch $[x] := [\jmath, a, \hat{A}^{\gamma,\lambda}]$ aus den Datenpunkten ausgewählt. Damit ergibt sich schließlich die Kostenfunktion für die Policy durch Mittelung als

$$\zeta_\pi(\theta, x) := -\frac{1}{M} \sum_{(\jmath_k, a_k, \hat{A}_k^{\gamma,\lambda}) \in [x]} \min \left[\xi_k^{\theta_0}(\theta)\hat{A}_k^{\gamma,\lambda}, \mathrm{clip}(\xi_k^{\theta_0}(\theta), 1 - \varepsilon, 1 + \varepsilon)\hat{A}_k^{\gamma,\lambda} \right].$$

Entsprechend kann ebenfalls ζ_V für die Zustand-Bewertungsfunktion durch

$$\zeta_V(\theta, x) := \frac{1}{M} \sum_{\hat{A}_k^{\gamma,\lambda} \in [x]} (\hat{A}_k^{\gamma,\lambda})^2$$

als quadratischer Fehler definiert werden, vergleiche dazu auch die Abschnitte 3.2.1 und 3.2.2. Für die Zusammenfassung aller Parameter θ ergibt sich daraus die gewichtete Gesamtzielfunktion

$$\zeta(\theta, x) := \zeta_\pi(\theta, x) + \alpha \zeta_V(\theta, x) \quad \text{mit} \quad \alpha \in \mathbb{R}_+. \tag{3.19}$$

Sind π_θ und V^θ Neuronale Netze, so lassen sich die Kostenfunktionen ζ_V und ζ_π mit der Backpropagation aus Kapitel 2 verbinden. Dies ist als Gesamtergebnis in Algorithmus 3.12 zusammengefasst. Als Kriterium für die Terminierung in Schritt (4) kann eine bestimmte Anzahl an Iterationen oder die Qualität der aktuellen Policy π_θ festgesetzt werden. Deren Güte lässt sich zum Beispiel durch das Messen der mittleren Belohnung in Schritt (2) abschätzen.

Insgesamt stellt Algorithmus 3.12 das Kernverfahren dar, auf welchem im weiteren Verlauf der Arbeit aufgebaut wird.

Algorithmus 3.12 (Proximal-Policy-Optimierung für Neuronale Netze) *Für ein MDP werden die Policy π_θ sowie die zugehörige Bewertungsfunktion V^θ durch Neuronale Netze dargestellt. Diese können durch die* Proximal-Policy-Optimierung *trainiert werden.*

(0) Initialisiere die Parameter von π_θ sowie V^θ und wähle den clip-*Parameter $\varepsilon > 0$, die Gewichtung $\alpha > 0$, die Länge der Exploration N, die Anzahl der Gradientenschritte K sowie die Größe der Minibatches M.*

(1) Setze $\pi_{\theta_0} \leftarrow \pi_\theta$.

(2) Generiere Datenpunkte $\{s_t; a_t\}_{t=1,\ldots,N}$ durch das Folgen von π_{θ_0} in der Umwelt und berechne jeweils die Advantage-Approximation $\hat{A}_t^{\gamma,\lambda}$ nach (3.5).

(3) Für K Schritte führe aus:

    (3.1) Wähle ein zufälliges Minibatch $[s, a, \hat{A}^{\gamma,\lambda}]$ der Größe M.

    (3.2) Berechne einen Adam-Gradientenschritt mit Backpropagation nach Algorithmus 2.8 mit der Gesamtkostenfunktion ζ nach (3.19).

(4) Prüfe, ob das Training beendet werden soll. Falls nicht, gehe zu (1).

4 Deep Controller für autonomes Fahren

Aufbauend auf den theoretischen Resultaten der beiden vorigen Kapitel wird im Folgenden ein Vorgehen beschrieben, um Steuerkommandos für ein autonomes Fahrzeug zu berechnen. Dazu werden in den Abschnitten 4.1 und 4.2 zunächst die konkrete Aufgabenstellung erläutert sowie mögliche Lösungsansätze vorgestellt. Anschließend wird in Abschnitt 4.3 erklärt, wie auf Grundlage von Algorithmus 3.12 ein Neuronales Netz zur Steuerung eines selbstfahrenden Autos trainiert werden kann.

4.1 Problemstellung

Diese Arbeit steht im Kontext des Forschungsprojektes AO-Car [1]. Dessen Ziel ist der Transfer von Algorithmen für Navigation und optimale Steuerung von autonomen Raumschiffen auf ausgewählten Situationen des automatisierten Fahrens. Schwerpunkt ist der Fahrzeug-Fahrgast-Nahbereich im städtischen Umfeld und insbesondere die selbstständige Exploration eines Parkplatzes. Typische Aufgabenstellungen dabei sind das Finden einer freien Parklücke mit anschließendem Einparken sowie die Handhabung von Engstellen, Kurven oder plötzlich auftauchenden Objekten. Charakteristisch für auftretende Situationen ist die besondere Nähe zu Hindernissen, woraus die Notwendigkeit zu merklichen und gezielten Lenkmanövern besteht.

Als Testfahrzeug steht ein VW Passat GTE als Plug-in-Hybrid zur Verfügung, welches serienmäßig mit Ultraschallsensoren (USS) sowie einem Areaview-Kamerasystem ausgestattet ist. An der Front befinden sich zudem eine Multifunktionskamera (MFK) und ein Radar. Als zusätzliche Hardwarekomponenten sind unter anderem Laser-Sensorik nach vorne und hinten sowie ein Satellitennavigationssystem verbaut. Letzteres wird durch ein

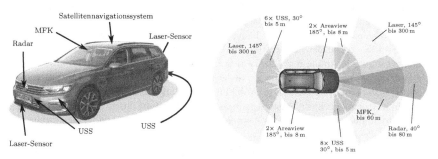

Abbildung 4.1: Sensorik des Forschungsfahrzeugs im Projekt AO-Car, nach [1]. USS: Ultraschallsensoren. MFK: Multifunktionskamera.

Zusatzmaterial online
Zusätzliche Informationen sind in der Online-Version dieses Kapitel (https://doi.org/10.1007/978-3-658-28886-0_4) enthalten.

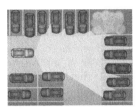

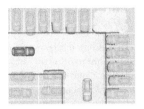

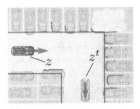

(a) Sichtbarer Bereich der vorderen Laser-Sensorik

(b) Weltwahrnehmung $\mathcal{W}$ durch Sensorik und Karten

(c) Koordinaten von Fahrzeug z und Ziel z^t

Abbildung 4.2: Beispielsituation während der Parkplatzexploration. Auf Grundlage von Laser-Sensorik sowie Kartenmaterial werden Zielkoordinaten z^t, inklusive Geschwindigkeit, definiert.

Echtzeitkinematiksystem (RTK) in der Genauigkeit verbessert, siehe dazu auch [6]. Die resultierende Ausstattung ist in Abbildung 4.1 dargestellt.

Das Fahrzeug lässt sich algorithmisch durch Vorgabe des Lenkradwinkels ν, zum Einstellen der Vorderräder, sowie durch die Beschleunigung der Hinterachse a steuern. Beide Werte werden im Steuervektor

$$u = (\nu, a)$$

zusammengefasst und beeinflussen allgemein die *Koordinaten* des Fahrzeugs bezüglich seiner Umwelt. Diese können zum Beispiel Position, Geschwindigkeit und Orientierung enthalten und werden im Folgenden mit z bezeichnet.

In der realen Anwendung müssen die Koordinateninformationen eines autonomen Fahrzeugs durch Auswertung seiner Sensordaten als $\tilde{z}$ geschätzt werden. Für die Parkplatzexploration in dieser Arbeit wird dazu im Wesentlichen die Laser-Sensorik verwendet, wie schematisch in Abbildung 4.2a gezeigt. Die entsprechenden Daten werden als Punktwolke dargestellt und können mit Vorwissen in Form von genauen Karteninformationen durch das RTK ergänzt werden. Letztere beinhalten hier die ungefähre Lage von Parkflächen sowie des befahrbaren Bereichs. Karten und Messpunkte ergeben insgesamt die Weltwahrnehmung $\mathcal{W}$, wie in Abbildung 4.2b skizziert. Schließlich kann auf dieser Informationsbasis ein kurzfristiges nächstes Ziel z^t im Sinne der Parkplatzerkundung berechnet werden. Für das betrachtete Beispiel ist dies in Abbildung 4.2c dargestellt. Hier wird erkannt, dass keine freie Parkmöglichkeit existiert, sodass die Exploration durch Kurvenfahrt fortgesetzt werden muss. Um ein sicheres Abbiegen zu unterstützen, wird dabei die gewünschte Geschwindigkeit reduziert.

Aufgabe der autonomen Steuerung ist schließlich das Erreichen dieser Koordinaten inklusive der Zielgeschwindigkeit. Dabei müssen unbekannte Fehler in der Zustandsschätzung $\tilde{z}$ sowie in der wahrgenommenen Welt $\mathcal{W}$ kompensiert werden. Beide Informationen werden hochfrequent in einem 20 ms-Takt aktualisiert. Als zusätzliche Beschränkungen sind unter anderem die maximalen Steuersignale durch physikalische Grenzen der Fahrzeugmechanik sowie die Höchstgeschwindigkeit auf einem Parkplatz vorgegeben. Hindernisse werden als statisch angenommen, und es wird nur die Exploration durch Vorwärtsfahren betrachtet. Insgesamt ergibt sich damit die folgende Problemdefinition.

Problem 4.1 *Berechne zu jeder Schätzung der Fahrzeugkoordinaten $\tilde{z}$ sowie der Weltwahrnehmung $\mathcal{W}$ in hinreichend kurzer Zeit eine Fahrzeugsteuerung*

$$u = u(\tilde{z}, z^t, \mathcal{W}),$$

sodass die tatsächlichen Koordinaten unter Berücksichtigung von Beschränkungen an z und u zum Ziel

$$z \to z^t$$

überführt werden.

Die Vorgabe der Zielkoordinaten wird zusammen mit der Sensorauswertung kontinuierlich aktualisiert, sodass sich eine permanente Exploration ergibt, bis durch die geforderte Endgeschwindigkeit ein Anhaltevorgang impliziert wird. Zur Berechnung des Steuersignals kann es zudem weitere sinnvolle Zielkriterien geben, wie zum Beispiel ein möglichst *angenehmes* Fahrgefühl für den Fahrgast. Im folgenden Abschnitt werden Regelungsansätze zur Lösung von Problem 4.1 vorgeschlagen.

4.2 Regelungsverfahren

Zur konkreten Definition eines Algorithmus zur Lösung von Problem 4.1 eignen sich verschiedene modellbasierte und modellfreie Regelansätze. Ein klassisches Beispiel des zweiten Typs ist der einfache PID-Regler [26]. Dieser gewährleistet niedrige Rechenzeiten und ist in der Lage, einzelne Stellgrößen zu behandeln. Ein optimales Design bezüglich Zeit oder Energieverbrauch ist jedoch nur für spezielle Probleme möglich, siehe auch [79]. Anspruchsvollere Konzepte nutzen *Fahrzeugmodelle*, zum Beispiel in Form einer Differentialgleichung

$$\dot{z}(t) = f(z(t), u(t)), \tag{4.1}$$

um den Einfluss der Fahrzeugsteuerung u auf den Zustand z zu berücksichtigen. Entsprechende Methoden sowie deren Stärken und Schwächen werden exemplarisch im nächsten Abschnitt vorgestellt. Eine Übersicht dieser Verfahren bietet Tabelle 4.1. Darauf aufbauend wird der Deep Controller basierend auf der Proximal-Policy-Optimierung eingeführt.

4.2.1 Modellbasierte Ansätze

Modelle stellen eine Approximation an die Wirklichkeit dar und werden in der Regelung genutzt, um Vorhersagen über das betrachtete System zu machen. Ein bekanntes Beispiel für Fahrzeuge ist das Einspurmodell von RIEKERT und SCHUNCK [74].

Ein modellbasierter Regler mit vergleichsweise geringem Rechenaufwand ist der linearquadratische Regler (auch *Riccati*-Regler) [26], welcher insbesondere auch für Mehrgrößensysteme geeignet ist. Dabei wird ein lineares Fahrzeugmodell

$$f(z(t), u(t)) = Az(t) + Bu(t)$$

Tabelle 4.1: Unvollständige Auflistung von Regelungskonzepten und deren Eigenschaften in (von oben nach unten) aufsteigender Rechenzeit. Die dritte Spalte bezieht sich auf Beschränkungen abgesehen von einem Bewegungsmodell.

Regler	Modell	Beschränk.	Optimalität	Multikrit.	Zeit
PID	✗	✗	Im Spezialfall: Zeit und Steuerenergie	✗	
Riccati	linear	✗	Zeit und Steuerenergie	✓	
NMPC	nichtlinear	nichtlinear	beliebig	✓	

mit Matrizen A und B angenommen und eine quadratische Zielfunktion in $(z - z^t)$ sowie u minimiert. Das resultierende Optimierungsproblem ist äquivalent zum Lösen der *algebraischen Riccati-Gleichung*. Für allgemeine Systeme muss f dabei linearisiert werden. Beispiele für die erfolgreiche Anwendung dieses Ansatzes sind Dieselmotoren [47] oder Raumschiffe in der Nähe von Asteroiden [13]. Zur Steuerung eines Fahrzeugs wurde diese Methode beispielsweise in [49], [56], [97] oder im Rahmen von AO-Car verwendet.

Grenzen des Riccati-Reglers sind durch die Einschränkung auf ein lineares Fahrzeugmodell f gegeben. Zudem ist es nicht möglich, weitere Beschränkungen direkt zu berücksichtigen, wie einen Mindestabstand zu Hindernissen oder Restriktionen an die Steuergrößen. Solche Anforderungen können jedoch durch einen allgemeinen *nichtlinearen modellprädiktiven Regler* (NMPC) auf Basis eines optimalen Steuerprozesses umgesetzt werden. Dieser kann unter beliebigen Zielkriterien definiert und sehr effizient durch Softwarebibliotheken wie TRANSWORHP [51] gelöst werden. Bei dieser wird die Aufgabe durch Diskretisierung in der Zeit zu einem Optimierungsproblem transkribiert und das Resultat schließlich durch den nichtlinearen Optimierer WORHP [12] minimiert. Die Berechnung von Trajektorien zwischen Anfangs- und Endzuständen auf diese Art und Weise wird sowohl für das autonome Fahren [17], [60] als auch in anderen Anwendungen, wie beispielsweise der autonomen Raumfahrt [84], angewendet. Durch hochfrequente Korrekturrechnungen ergibt sich insbesondere ein allgemeiner modellprädiktiver Regler. Ein solcher Ansatz wird zum Beispiel zur Quersteuerung [10], [32] oder innerhalb von Simulationsrechnungen zur Gesamtsteuerung eines Fahrzeugs [40], [23] verwendet. Ein direkter Vergleich mit einem Riccati-Regler wird exemplarisch in [64] vorgenommen. Im Rahmen von AO-Car ist dieser Ansatz das Standardverfahren zur sicheren Navigation bei der Exploration eines Parkplatzes.

4.2.2 Deep Controller

Aufgrund der Handhabung von deutlich allgemeineren Problemen kann ein NMPC, verglichen mit einem Riccati-Regler, oft nur relativ geringe Frequenzen erreichen. Um diese Einschränkung zu reduzieren, nutzten beispielsweise die Gewinner der *DARPA Urban Challenge 2007*, einem bekannten Wettbewerb für autonome Fahrzeuge, eine Datenbank zur Unterstützung der Echtzeitberechnung von Steuersignalen. Die nötigen Informationen wurden im Vorfeld generiert und zur Laufzeit durch Interpolation und Optimierung an die konkrete Situation angepasst [24]. Zum Abspeichern einer allgemeineren, größeren

Datenbasis wird das Trainieren eines Neuronalen Netzes vorgeschlagen [38].

Während Letzteres einen überwachten Lernansatz darstellt, könnte ein solches Modell jedoch auch durch eine Reinforcement Learning Methode generiert werden. Im Kontext des autonomen Fahrens wurde in Simulationen gezeigt, dass solche Agenten strategische Entscheidungen treffen [42], [61] oder auch als Regler zur direkten Steuerung eines Fahrzeugs verwendet werden können [83], [46], [55], [62]. Die Forscher der Firma WAYVE haben einen entsprechenden Ansatz erfolgreich auf ein Realfahrzeug übertragen [48]. Die Auswertung des resultierenden Neuronalen Netzes - und damit die Berechnung eines Steuerkommandos - ist vergleichsweise schnell. Zugleich können im Training nichtlineare Fahrzeugmodelle sowie beliebige Zielkriterien und Beschränkungen berücksichtigt werden; die Grenzen ergeben sich durch die Kapazität des verwendeten Lernalgorithmus. Von diesem Standpunkt aus haben Deep Reinforcement Learning Methoden das Potential, die Vorteile von beiden Verfahren zu vereinen: die Geschwindigkeit eines Riccati-Reglers sowie die Allgemeingültigkeit eines NMPC.

Basierend auf dieser Motivation wird im weiteren Verlauf der Arbeit die Proximal-Policy-Optimierung 3.12 zur Lösung von Problem 4.1 verwendet. Der resultierende Regler wird als Deep Controller bezeichnet und das genaue Vorgehen zu dessen Training im folgenden Abschnitt vorgestellt.

4.3 Umsetzung

Allgemein ist zum Training eines Agenten durch Reinforcement Learning ein Austausch mit dessen Umwelt nötig, bei dem Erfahrungswerte gesammelt und vor allem Fehler gemacht werden. Zum Steuern eines autonomen Fahrzeuges wäre das Lernen auf einem realen System jedoch zeitaufwendig und vor allem nicht ungefährlich. Eine gute Alternative ist eine simulierte Lernumgebung, welche möglichst gut die tatsächlichen Bedingungen von Problem 4.1 für die Exploration eines Parkplatzes abbildet.

Kern der Simulation in dieser Arbeit ist ein Modell zur Approximation der realen Fahrzeugbewegung, welches in Abschnitt 4.3.1 eingeführt wird. Anschließend werden die drei Hauptelemente des Reinforcement Learning nach Abbildung 3.1 interpretiert: die Simulation der Umwelt sowie die Definitionen des Agenten und der Belohnungsfunktion. Insbesondere werden dabei auch entsprechende Zustands- und Steuerräume eingeführt.

4.3.1 Die Fahrzeugbewegung als Einspurmodell

Bei niedrigen Geschwindigkeiten, wie sie zum Beispiel beim Fahren auf einem Parkplatz vorkommen, wirken vergleichsweise geringe laterale Kräfte auf die Reifen. In diesem Fall eignen sich zur Approximation der Fahrzeugbewegung einfache kinematische Modelle, wie Einspurmodelle nach [59], [71]. Dabei wird das Auto in einer Approximation durch lediglich zwei Räder dargestellt, welche jeweils vorne und hinten mittig zwischen deren realen Pendants platziert sind. Die Bewegung des Autos wird durch die zeitliche Änderung der Fahrzeugkoordinaten z als System von Differentialgleichung abhängig von vorgegebenen Steuergrößen angenähert.

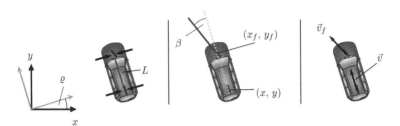

Abbildung 4.3: Vereinfachung des Einspurmodells und Koordinaten des resultierenden Fahrzeugzustandes

Im Folgenden beschreibt der Vektor

$$z := (x, y, v, \varrho, \beta)^\top \tag{4.2}$$

die Koordinaten des Fahrzeugs, wie in Abbildung 4.3 dargestellt. Die beiden Elemente $(x, y)^\top =: p$ definieren dabei dessen Position bezüglich eines festen Koordinatensystems - das *Inertialsystem* - und sind auf der Hinterachse fixiert. Die absolute Geschwindigkeit in longitudinaler Richtung heißt $v = \|\vec{v}\|$ und die Beschleunigung $a = \dot{v}$ wird in Übereinstimmung mit Abschnitt 4.1 als Teil der Fahrzeugsteuerung verwendet. Die Orientierung des Autos bezüglich des Inertialsystems wird mit ϱ bezeichnet und β ist der mittlere Lenkwinkel der Vorderräder. Dieser lässt sich bijektiv auf den Lenkradwinkel ν umrechnen, wird aber trotzdem als Komponente des Fahrzeugzustandes modelliert. Stattdessen wird die Winkelgeschwindigkeit $\omega = \dot{\beta}$ als zweites Element der Steuerung definiert, wodurch sich diese numerisch beschränken lässt. Der Abstand zwischen Vorder- und Hinterachse heißt *Radstand L* und ist eine fahrzeugspezifische Konstante.

Zur Herleitung von Differentialgleichungen für $\dot{x}, \dot{y}$ sowie $\dot{\varrho}$ werden zunächst die beiden virtuellen Räder betrachtet, welche durch den Lenkwinkel β auf verschiedene Geschwindigkeitsvektoren

$$\vec{v} = \begin{pmatrix} \dot{x} \\ \dot{y} \end{pmatrix} = \begin{pmatrix} v\cos(\varrho) \\ v\sin(\varrho) \end{pmatrix} \quad \text{sowie} \quad \vec{v}_f = \begin{pmatrix} \dot{x}_f \\ \dot{y}_f \end{pmatrix} = \begin{pmatrix} v_f\cos(\varrho + \beta) \\ v_f\sin(\varrho + \beta) \end{pmatrix} \tag{4.3}$$

führen. Aus der ersten Identität resultieren direkt die Gleichungen für $\dot{x}, \dot{y}$; die verbleibende Bedingung für $\dot{\varrho}$ folgt aus dem Term für das Vorderrad, welcher durch entsprechende Multiplikation zu

$$0 = \dot{x}_f \sin(\varrho + \beta) - \dot{y}_f \cos(\varrho + \beta).$$

umgeformt werden kann. Schließlich ergibt sich durch den Zusammenhang

$$x_f = x + L\cos(\varrho) \quad \text{und} \quad y_f = y + L\sin(\varrho)$$

sowie der Darstellung von $\dot{x}$ und $\dot{y}$ aus (4.3) die Forderung

$$
\begin{aligned}
0 &= \dot{x}\sin(\varrho + \beta) - \dot{\varrho}L\sin(\varrho)\sin(\varrho + \beta) - \dot{y}\cos(\varrho + \beta) - \dot{\varrho}L\cos(\varrho)\cos(\varrho + \beta) \\
&= \dot{x}\sin(\varrho + \beta) - \dot{y}\cos(\varrho + \beta) - \dot{\varrho}L\cos(\beta) \\
&\overset{(4.3)}{=} v\left(\cos(\varrho)\sin(\varrho + \beta) - \sin(\varrho)\cos(\varrho + \beta)\right) - \dot{\varrho}L\cos(\beta) \\
&= v\sin(\beta) - \dot{\varrho}L\cos(\beta).
\end{aligned}
$$

Für ein reales Fahrzeug gilt die Annahme $|\beta| < \pi/2$, wodurch die letzte Gleichung äquivalent als

$$\dot{\varrho} = \frac{v}{L} \tan(\beta)$$

formuliert werden kann. Zusammen mit den übrigen Differentialgleichungen erhält man schließlich das Einspurmodell

$$\begin{pmatrix} \dot{x} \\ \dot{y} \\ \dot{v} \\ \dot{\varrho} \\ \dot{\beta} \end{pmatrix} = \begin{pmatrix} v\cos(\varrho) \\ v\sin(\varrho) \\ a \\ v/L \tan(\beta) \\ \omega \end{pmatrix}. \tag{4.4}$$

4.3.2 Simulierte Regelung auf einem Parkplatz

Zur Lösung von Problem 4.1 wird eine Reinforcement Learning Umwelt nach Abschnitt 3.1.1 simuliert. Innerhalb dieser werden möglichst allgemeine Situationen auf einem Parkplatz zufällig generiert, was die Platzierung von anderen, statischen Fahrzeugen mit einschließt. Beliebig ausgewählte Beispiele dazu sind in Abbildung 4.4 dargestellt. Innerhalb der Fahrbahn werden die Fahrzeugkoordinaten z sowie das Ziel z^t im Sinne von (4.2) zufällig definiert. Dabei wird sichergestellt, dass beide nicht unmittelbar durch andere Hindernisse blockiert sind. Die Punktwolke durch die Laser-Sensorik wird simuliert und zusammen mit den Informationen zum befahrbaren Bereich und dem Regelungsziel in einer diskreten Wahrnehmungskarte $\mathcal{O} \in \{-1; 0; 1\}^{n \times m}$ aus der Perspektive des Fahrzeugs dargestellt, wie in Abbildung 4.5 skizziert.

Auf dieser Grundlage wird ein Agent mit der Proximal-Policy-Optimierung trainiert, seine Koordinaten durch Elemente aus dem kontinuierlichen Steuerraum

$$\mathcal{A} := \{(a, \omega)^{\top} \in \mathbb{R}^2 \mid \text{beide beschränkt}\}$$

gemäß des Einspurmodells (4.4) zu den Zielkoordinaten zu überführen. Dabei unterliegen beide Variablen physikalischen Beschränkungen durch das Testfahrzeug, gegeben als $a \in [-1{,}2; 1{,}2]\,\text{m/s}^2$ und $\omega \in [-1{,}2; 1{,}2]\,\text{rad/s}$.

Die zur Steuerung relevanten Informationen werden durch die Definition des Zustandsraumes zusammengefasst. Um das Problem als weitestgehend beobachtbar zu charakterisieren, beinhaltet dieser zum einen die Wahrnehmungskarte $\mathcal{O} \in \{-1; 0; 1\}^{n \times m}$, inklusive der Zielposition, sowie die relevanten Informationen beider Koordinatenvektoren. Um letztere unabhängig von der Definition des Inertialsystems zu machen, werden die relative Position (x^r, y^r) aus Sicht des Fahrzeugs sowie die entsprechende relative Orientierung ϱ^r verwendet. Dabei wird die komplexe Darstellung $(\varrho^r_{\mathfrak{R}}, \varrho^r_{\mathfrak{J}})$ genutzt, um Diskontinuitäten zu vermeiden. Zuletzt enthält der Zustandsraum die Informationen über Start- und Zielgeschwindigkeit sowie den initialen Lenkwinkel β. Der Ziellenkwinkel wird nur bei einem Anhaltevorgang mit $v^t = 0$ benötigt, da lediglich in diesem Fall das Realfahrzeug die

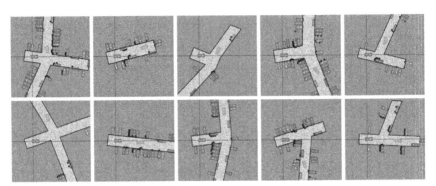

Abbildung 4.4: Zufällige Beispiele für simulierte Regelungsaufgaben. Start- und Zielkoordinaten werden durch das Fahrzeug im Zentrum des Koordinatensystems sowie durch das hellere Auto auf der Fahrbahn dargestellt. Die Punkte an den übrigen Autos symbolisieren die Wahrnehmung des autonomen Fahrzeugs durch Laser-Sensorik, und der befahrbare Bereich wird durch ein geschlossenes Polygon dargestellt (vergleiche auch Abbildung 4.2).

gegebene Zielposition bis zum Ende ansteuert. Um dabei eine gerade Ausrichtung der Vorderräder zu erhalten, wird sie konstant als $\beta^t := 0$ definiert. Insgesamt werden damit die relevanten, kontinuierlichen Koordinateninformationen als

$$\tilde{S} = \{(x^r, y^r, v, v^t, \beta, \varrho^r_\mathfrak{R}, \varrho^r_\mathfrak{Z})^\top \in \mathbb{R}^7 \mid \text{alle beschränkt}\}.$$

definiert, womit sich schließlich der Zustandsraum durch

$$S := \{(\tilde{s}, \mathcal{O}) \mid \tilde{s} \in \tilde{S}, \mathcal{O} \in \{-1; 0; 1\}^{n \times m}\}$$

ergibt. Die Elemente in $\tilde{S}$ werden dabei linear auf das Intervall $[-1; 1]$ skaliert, wozu die Konfiguration des Problems sowie physikalische Beschränkungen verwendet werden. Innerhalb der Simulation werden diese für den Lenkwinkel $\beta \in [-0{,}55; 0{,}55]$ rad und für die Mindestgeschwindigkeit von $v_{\min} = 0$ km/h im Vorwärtsfahren direkt berücksichtigt. In Rahmen dieser Arbeit wird außerdem das Einhalten einer Höchstgeschwindigkeit von $v_{\max} = 15$ km/h gefordert. Ein Überschreiten dieses Wertes führt, genau wie die Kollision mit einem Hindernis, zum Ende der Episode. Die maximale Entfernung der Zielposition, gemessen entlang des befahrbaren Bereichs, liegt bei $p_{\max} = 20$ m. Zudem wird dem Agenten zum Erreichen seines Ziels ein Maximum von $T = 250$ Zeitschritten zur Verfügung gestellt, wobei die simulierte Zeit zwischen diesen $\Delta t = 100$ ms beträgt. Damit ergibt sich ein guter Kompromiss aus Lösbarkeit der Aufgaben bei gleichzeitig kurzen Trainingsepisoden.

Der Zustandsübergang $\mathscr{P}^{\tilde{s}_t+1}_{\tilde{s}_t a_t}$ zwischen zwei Zeitschritten wird durch das Einspurmodell und die Wahrnehmungskarte $\mathcal{O}$ deterministisch simuliert. Letztere wird jeweils 20 m in beide laterale Richtungen durch insgesamt $n = 64$ Punkte dargestellt. Longitudinal wird eine Diskretisierung von $m = 48$ verwendet, um 5 m nach hinten und 25 m nach vorne zu verarbeiten. Ein Eintrag in $\mathcal{O}$ bildet damit eine quadratische Fläche mit 0,625 m Kantenlänge ab.

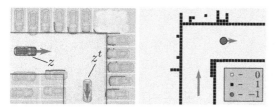

Abbildung 4.5: Weltwahrnehmung und Zielkoordinaten (links) als diskrete Wahrnehmungskarte Θ (rechts). In Letzterer ist die Blickrichtung des Fahrzeugs von unten nach oben festgelegt.

4.3.3 Definition des Agenten

Wie in Abschnitt 3.2 erläutert, werden zwei Neuronale Netze als Policy π_θ sowie als Zustand-Bewertungsfunktion V^θ trainiert, vergleiche dazu auch Abschnitt 2.1. Für beide wird dieselbe Topologie gewählt, um die Koordinaten $\tilde{s} \in \tilde{S}$ sowie Wahrnehmungskarte Θ zu verarbeiten. Es handelt sich jedoch um zwei separate Modelle, sodass zwischen ihnen keine Parameter geteilt werden. Der Aufbau wird in Abbildung 4.6 zusammengefasst, wobei Tabelle 4.2 eine Übersicht zum Informationsfluss in den Schichten sowie der Menge an zugehörigen Netzparametern darstellt.

Die Verarbeitung der Koordinateninformationen $\tilde{s} \in \tilde{S}$ erfolgt durch zwei aufeinander folgende affine Schichten N_1 und N_2 mit jeweils 200 ReLU Aktivierungen. Parallel erfolgt die Auswertung der Wahrnehmungskarte durch zwei hintereinander liegende Faltungsoperationen Σ_1 und Σ_2, jeweils ohne Ergänzung von Werten am Rand und mit Faltungsmatrizen der Größe 3×3. Dies ermöglicht die Detektion von wichtigen Strukturen unabhängig von deren Lage innerhalb der Karte. Dabei werden zunächst 30 Faltungen parallel definiert, um ein Ausgabebild mit entsprechender Anzahl von Bildkanälen zu generieren und so das Lernen von vielfältigen Detektoren zu ermöglichen. Die Ausgabegröße der zweiten Operation wird dagegen zurück auf einen einzigen Kanal verkleinert. Nach beiden Transformationen wird die räumliche Auflösung jeweils durch Max-Pooling mit einer 2×2-Maske und Schrittweite 2 reduziert. Das so generierte letzte Bild wird anschließend vektorisiert und ebenfalls durch eine affine Schicht N_3 mit 200 ReLU Aktivierungen verarbeitet. Deren Ausgabe wird mit der bisherigen Repräsentation aus den Koordinateninformationen konkateniert, durch eine weitere 200 ReLU-Schicht N_4 interpretiert und schließlich durch eine letzte affine Transformation auf die jeweilige Ausgabe abgebildet. Die Größe der hier definierten Schichten ergibt sich aus Beobachtungen durch Experimente.

Die Rückgabe der Zustand-Bewertungsfunktion V^θ wird durch lineare Aktivierung auf eine einzige Zahl V erhalten. Die Wahrscheinlichkeitsdichte der Policy π_θ ist dagegen durch eine Normalverteilung

$$\pi_\theta(s,a) = \frac{1}{\sqrt{2\pi}\det(\sigma)} \exp\left(-\frac{1}{2}(a-\mu)^\top \sigma^{-2}(a-\mu)\right), \quad \mu = \begin{pmatrix} \mu_a \\ \mu_\omega \end{pmatrix}, \quad \sigma = \begin{pmatrix} \sigma_a & 0 \\ 0 & \sigma_\omega \end{pmatrix}$$

unabhängig in den beiden Komponenten des Steuerraumes definiert. Deren Erwartungswertvektor $\mu \in \mathcal{A}$ wird durch die Verarbeitung der Zustandseingabe $s \in S$ gewählt und

Tabelle 4.2: Detaillierte Übersicht aller Schichten der Neuronalen Netze inklusive der zugehörigen Anzahl an Parametern. Da für die Faltung keine Ergänzung von Werten am Rand vorgenommen wurde, findet hier eine Reduktion der räumlichen Dimension statt.

Operation	Größe der			# Parameter		
	Eingabe	Faltung	Ausgabe	linearer Anteil	Bias	kumuliert
Affin N_1	7	-	200	$7 \times 200 = 1\,400$	200	$1\,600$
Affin N_2	200	-	200	$200 \times 200 = 40\,000$	200	$41\,800$
Faltung Σ_1	$64 \times 48 \times 1$	3×3	$62 \times 46 \times 30$	$1 \times 3 \times 3 \times 30 = 270$	30	$42\,100$
Max-Pooling	$62 \times 46 \times 30$	-	$31 \times 23 \times 30$	-	-	$42\,100$
Faltung Σ_2	$31 \times 23 \times 30$	3×3	$29 \times 21 \times 1$	$30 \times 3 \times 3 \times 1 = 270$	1	$42\,371$
Max-Pooling	$29 \times 21 \times 1$	-	$14 \times 10 \times 1$	-	-	$42\,371$
Vektorisierung	$14 \times 10 \times 1$	-	140	-	-	$42\,371$
Affin N_3	140	-	200	$140 \times 200 = 28\,000$	200	$70\,571$
Konkatenation	$200 + 200$	-	400	-	-	$70\,571$
Affin N_4	400	-	200	$400 \times 200 = 80\,000$	200	$150\,771$
μ	200	-	2	$200 \times 2 = 400$	2	$151\,173$
σ	-	-	2		2	$151\,175$
V	1	-	200	$200 \times 1 = 200$	1	$150\,972$

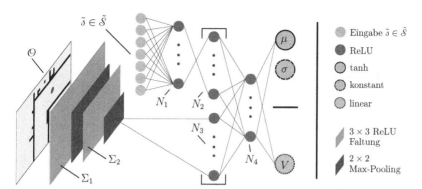

Abbildung 4.6: Topologie der Neuronalen Netze für die Policy π_θ (μ und σ) sowie für die Bewertungsfunktion V^θ

durch eine skalierte tanh-Aktivierung auf das Intervall der physikalischen Steuerbeschränkungen abgebildet. Insbesondere wird hierdurch die präferierte Steuerung der Policy beschrieben. Die Standardabweichung σ wird unabhängig von der Eingabe in das Neuronale Netz trainiert und ist somit ein generelles Maß für dessen Zuversicht. Zudem beeinflusst sie die Exploration während des Trainings bei der Generierung von Trajektorien durch π_{θ_0} und induziert ein Rauschen der Steuerungen im Lernvorgang. Letzteres resultiert schließlich in einer höheren Robustheit des Agenten bei der Anwendung als Regler.

4.3.4 Definition der Belohnungsfunktion

Die Belohnungsfunktion legt das gewünschte Verhalten des zu trainierenden Agenten fest. Im Kontext der hier betrachteten simulierten Regelungsaufgaben bezieht sich dies vor allem auf das Erreichen der Zielposition mit gegebener Orientierung und Geschwindigkeit. Dabei ist die Belohnungsfunktion selbst dem Agenten zunächst unbekannt und muss beim Explorieren der Umwelt untersucht werden, wie zum Beispiel in Abschnitt 3.2.4 beschrieben. Die Parameter der Neuronalen Netze von Policy und Zustand-Bewertungsfunktion werden zufällig initialisiert, was zu hochgradig ungerichteten Steuersignalen zu Beginn des Trainings führt. Da jedoch sowohl Zustände als auch Steuerungen kontinuierlich sind, hat ein solcher Agent nur sehr geringe Chancen, jemals exakt das Ziel zu erreichen und aus dem resultierenden Feedback zu lernen. Dieser Effekt wird noch verstärkt, wenn die geforderte Geschwindigkeit $v^t = 0$ ist und das Fahrzeug damit an einer bestimmten Stelle zum Stehen kommen muss.

Aus diesen Gründen wird das Training zum einen in zwei Phasen aufgeteilt und zum anderen werden zwei verschiedene Policies gelernt, der FAHRER und der STOPPER. Letzterer soll sich mit einer Geschwindigkeit von $v^0 = 4\,^{\mathrm{km}}/_{\mathrm{h}}$ dem Ziel nähern und schließlich in dessen Position anhalten. Dadurch wird eine Episode als erfolgreich abgeschlossen betrachtet und der Agent besonders belohnt. Für den FAHRER hingegen genügt dazu das bloße Erreichen der Zielposition. Das Einhalten der vorgegebenen Geschwindigkeit wird hier als

Tabelle 4.3: Qualitative Auflistung von Komponenten der Belohnungsfunktion nach Phase und Aufgabe. Während $\oplus$ ein positives Feedback für die Erfüllung einer Aufgabe darstellt, beschreibt $\ominus$ eine Bestrafung bei Abweichung von einem Zielwert.

	Phase 1 *Erlernen der Aufgabe*		**Phase 2** *Detaillierte Kriterien*	
Fahrer	$\oplus$ Zielposition $\oplus$ Zielorientierung	$[r_1^F]$	$\oplus$ Zielposition $\oplus$ Zielorientierung $\oplus$ Lenkwinkel $\oplus$ Geschwindigkeit	$[r_2^F]$
Stopper	$\oplus$ Zielposition $\oplus$ Zielorientierung $\oplus$ Ziellenkwinkel $\ominus$ Geschwindigkeit	$[r_1^S]$	$\oplus$ Zielposition $\oplus$ Zielorientierung $\oplus$ Lenkwinkel $\ominus$ Geschwindigkeit	$[r_2^S]$

weiches Ziel durch zusätzliche Belohnungen berücksichtigt. Gleiches gilt bei beiden Modellen für die gewünschte Endorientierung. Damit die jeweilige Aufgabe identifiziert wird, liegt in der ersten Phase ein starker Fokus auf das erfolgreiche Beenden von Episoden. Ist dieses Ziel erreicht, werden in Phase 2 verstärkt Belohnungen für die Berücksichtigung von weichen Kriterien gegeben.

Für jeden Zeitpunkt der Simulation ergeben sich aus den Koordinaten $\tilde{s} \in \tilde{\mathcal{S}}$ insgesamt vier mögliche Belohnungsterme r_1^F, r_2^F sowie r_1^S, r_2^S, abhängig von Aufgabe und Phase. Diese werden im Folgenden exakt definiert und sind in Tabelle 4.3 qualitativ zusammengefasst. Zunächst werden die Fehler in

$$
\begin{aligned}
\text{Position:} && \Delta p &= \|(x^r, y^r)^\top\|, & \text{normiert:} && \overline{\Delta p} &= \tfrac{\Delta p}{p_{max}}, \\
\text{Orientierung:} && \Delta \varrho &= |(\varrho_\Re^r, \varrho_\Im^r)|^*, & \text{normiert:} && \overline{\Delta \varrho} &= \tfrac{\Delta \varrho}{\pi}, \\
\text{Geschwindigkeit:} && \Delta v &= |v - v^t|, & \text{normiert:} && \overline{\Delta v} &= \tfrac{\Delta v}{v_{max}/2}, \\
&& \Delta v^0 &= |v - v^0|, & \text{normiert:} && \overline{\Delta v^0} &= \tfrac{\Delta v^0}{v_{max}/2} \quad \text{und} \\
\text{Lenkwinkel:} && \Delta \beta &= |\beta|, & \text{normiert:} && \overline{\Delta \beta} &= \tfrac{\Delta \beta}{\beta_{max}}
\end{aligned}
$$

betrachtet, wobei die Operation $|\cdot|^*$ den Abstand eines komplex dargestellten Winkels zu 0 als Wert im Intervall $[0; \pi]$ berechnet. Die Normierung für die Position erfolgt anhand des maximalen initialen Abstandes und für die Geschwindigkeit bezüglich der halben betrachteten Intervalllänge. Die Normierungskonstanten sind in Abschnitt 4.3.2 definiert und in Anhang A tabellarisch aufgeführt.

Fahrer: Hier wird zunächst ein starker Fokus auf die Nähe zur Zielposition durch den gewichteten, quadratischen Term

$$
\overline{\Delta p}^F := \frac{\max(1 - \overline{\Delta p}, 0)^2}{10}
$$

gelegt. Wird diese mit einer maximalen Abweichung von $\varepsilon_p = 1\,\mathrm{m}$ erreicht, ist die Episode erfolgreich abgeschlossen und es erfolgt eine große, zusätzliche Belohnung von

$$r_0^F := 50.$$

Im Fall einer hinreichend kleinen Abweichung in der Orientierung $\overline{\Delta\varrho}$ von weniger als $\varepsilon_\varrho = 0{,}1$, was einem Maximum von $18°$ entspricht, wird diese weiterhin um $r_0^F/2$ erhöht. Damit ergibt sich für die erste Phase eine Belohnung pro Zeitschritt von

$$r_1^F := \begin{cases} \overline{\Delta p}^F, & \text{wenn } \Delta p > \varepsilon_p \\ \overline{\Delta p}^F + r_0^F, & \text{wenn } \Delta p \le \varepsilon_p \text{ und } \overline{\Delta\varrho} > \varepsilon_\varrho \\ \overline{\Delta p}^F + {}^3\!/2 r_0^F, & \text{sonst} \end{cases}$$

Anschließend sollen zusätzlich die vorgegebene Geschwindigkeit sowie möglichst kleine Lenkwinkel forciert werden. Letzteres bewirkt in der Anwendung ein angenehmeres Fahrgefühl. Mit den Hilfstermen

$$\overline{\Delta v}^F := \frac{\max(1 - \overline{\Delta v}, 0)}{2} \quad \text{und} \quad \overline{\Delta\beta}^F := \frac{\max(1 - 2\overline{\Delta\beta}, 0)}{2}$$

ergibt sich die Belohnung der zweiten Phase des FAHRERS durch

$$r_2^F := r_1^F + \overline{\Delta v}^F + \overline{\Delta\beta}^F.$$

STOPPER: Wie zuvor wird auch in diesem Fall zunächst die Nähe zum Ziel durch einen Hilfsterm

$$\overline{\Delta p}^S := \frac{\max(1 - \overline{\Delta p}, 0)^2}{4}$$

und insbesondere das erfolgreiche Anhalten mit einem maximalen Abstand von ε_p durch

$$r_0^S = 100$$

besonders stark belohnt. Letztere wird für eine hinreichend gute Orientierung $\overline{\Delta\varrho} \le \varepsilon_\varrho$ sowie für eine kleine Abweichung im Lenkwinkel $\overline{\Delta\beta}$ von maximal $\varepsilon_\beta = 0{,}1$ zusätzlich um jeweils $r_0^S/2$ erhöht. Im Fall des STOPPERS ist das ergänzende Gewicht auf β in der Zielposition besonders wichtig, da diese in der Anwendung tatsächlich angefahren wird. Zudem ist die frühe Vorgabe des geforderten Geschwindigkeitsprofils hilfreich. Dazu wird ein Strafterm

$$\overline{\Delta v}_1^S := -5\overline{\Delta v^0}$$

eingeführt, der jedoch nur bei einem Abstand zum Ziel von mehr als $\varepsilon_p^S = 2\,\mathrm{m}$ Berücksichtigung findet. Damit ist das Feedback der ersten Phase durch

$$r_1^S := \begin{cases} \overline{\Delta p}^S + \overline{\Delta v}_1^S, & \text{wenn } \Delta p > \varepsilon_p^S \\ \overline{\Delta p}^S, & \text{wenn } \varepsilon_p^S \ge \Delta p > \varepsilon_p \\ \overline{\Delta p}^S + r_0^S, & \text{wenn } \Delta p \le \varepsilon_p \text{ und } \overline{\Delta\varrho} > \varepsilon_\varrho \text{ und } \overline{\Delta\beta} > \varepsilon_\beta \\ \overline{\Delta p}^S + \tfrac{3}{2}r_0^S, & \text{wenn } \Delta p \le \varepsilon_p \text{ und } (\overline{\Delta\varrho} \le \varepsilon_\varrho \text{ oder } \overline{\Delta\beta} \le \varepsilon_\beta) \\ \overline{\Delta p}^S + 2r_0^S, & \text{wenn } \Delta p \le \varepsilon_p \text{ und } \overline{\Delta\varrho} \le \varepsilon_\varrho \text{ und } \overline{\Delta\beta} \le \varepsilon_\beta \end{cases}$$

festgelegt. In Phase 2 wird, wie beim FAHRER, ein zusätzliches Gewicht auf möglichst kleine Lenkwinkel während der Anfahrt an das Ziel gelegt. Zum Ausgleich wird ebenfalls die Bestrafung der Geschwindigkeitsabweichung erhöht, sodass sich die Hilfsterme

$$\overline{\Delta v}_2^S := \frac{3}{2}\overline{\Delta v}_1^S \quad \text{und} \quad \overline{\Delta \beta}^S := \frac{\max(1 - 2\overline{\Delta\beta}, 0)}{2}$$

ergeben. Zusätzlich wird dann die Belohnung bezüglich der Lenkwinkel beim Erreichen des Ziels verworfen und stattdessen der Einfluss der Endorientierung verdoppelt. Insgesamt ergibt sich damit

$$r_2^S := \begin{cases} \overline{\Delta p}^S + \overline{\Delta \beta}^S + \overline{\Delta v}_2^S, & \text{wenn } \Delta p > \varepsilon_p^S \\ \overline{\Delta p}^S + \overline{\Delta \beta}^S, & \text{wenn } \varepsilon_p^S \geq \Delta p > \varepsilon_p \\ \overline{\Delta p}^S + \overline{\Delta \beta}^S + r_0^S, & \text{wenn } \Delta p \leq \varepsilon_p \text{ und } \overline{\Delta \varrho} > \varepsilon_\varrho \\ \overline{\Delta p}^S + \overline{\Delta \beta}^S + 2r_0^S, & \text{sonst} \end{cases}$$

Die exakte Gewichtung der verwendeten Terme untereinander ist die Folge von entsprechenden Experimenten.

5 Training und Auswertung

Dieses Kapitel fasst die numerischen Ergebnisse der Steuerung eines autonomen Fahrzeugs durch einen Reinforcement Learning Agenten in Form eines Neuronalen Netzes zusammen. Dazu werden zunächst in Abschnitt 5.1 das in dieser Arbeit eingeführte Trainingsverfahren ausgewertet sowie Variationen in dessen Parametrisierung betrachtet. Anschließend wird in Abschnitt 5.2 die Qualität des resultierenden Reglers auf Basis von simulierten Daten untersucht. Zuletzt werden in Abschnitt 5.3 die Ergebnisse der Ausführung auf einem Realfahrzeug vorgestellt und diskutiert. Eine vollständige Zusammenfassung aller verwendeten Hyperparameter der Simulation, der Agenten sowie des Trainings ist in Anhang A bereitgestellt.

Der Trainingsalgorithmus sowie die Umweltsimulation allgemein sind in Python 3.6 umgesetzt. Dabei erfolgt die Implementierung der Neuronalen Netze aus Abschnitt 4.3.3 sowie die Proximal-Policy-Optimierung aus Abschnitt 3.2.4 mit dem Backpropagation Algorithmus 2.8 auf Basis der Software TENSORFLOW 1.8.0 mit GPU-Unterstützung [98]. Die Ausführung auf dem Testfahrzeug erfolgt im Kontext von ADTF 2.14 (*Automotive Data and Time-Triggered Framework*) in C++. Dazu wird die Python-Implementierung des Reglers als externes Programm integriert.

Die Berechnungen für die Simulation im Training erfolgen auf einem Intel Xeon E5 CPU Kern, während die Backpropagation stark parallelisiert auf einer Nvidia Grafikkarte vom Typ GeForce GTX 1080 Ti umgesetzt wird. Für die Ausführung des Gesamtsystems auf dem Testfahrzeug steht ein Intel Core i7 Prozessor zur Verfügung.

5.1 Auswertung des Trainings

In dieser Arbeit werden die Gewichte der Neuronalen Netze von Agenten auf Basis einer Normalverteilung zufällig initialisiert. Das Training durch die Proximal-Policy-Optimierung aus Algorithmus 3.12 wird dann durch die Aufteilung in *Epochen* strukturiert. In jeder dieser Einheiten werden jeweils Trajektorien über insgesamt $N = 16\,384$ Zeitschritte durch die Referenz π_{θ_0} generiert. Auf deren Grundlage wird die Policy π_θ in $K = 16$ Gradientenschritten mit Minibatches der Größe $M = 1\,024$ verbessert. Dies führt zu einer stabilen Approximation der Erwartungswerte in der Kostenfunktion ζ (3.19), welche mit dem Gewichtungsfaktor $\alpha = 0,1$ definiert ist. Die anschließende Parameteroptimierung durch den Adam Gradientenabstieg wird mit einer Lernrate von $\vartheta = 5e{-}5$ durchgeführt. Zur Definition einer optimalen Policy wird der diskontierte Gewinn η mit einem leichten Diskont von $\gamma = 0,99$ festgelegt. Wie in Abschnitt 4.3.4 erläutert, werden besonders große Belohnungen bei einem erfolgreichen Abschluss einer Episode vergeben. Durch einen Diskont $\gamma < 1$ wird diese umso höher gewichtet, je schneller der Agent dieses Ziel erreicht.

Zusatzmaterial online
Zusätzliche Informationen sind in der Online-Version dieses Kapitel (https://doi.org/10.1007/978-3-658-28886-0_5) enthalten.

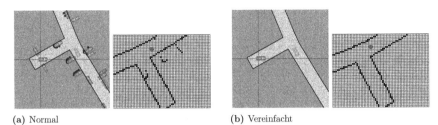

(a) Normal   (b) Vereinfacht

Abbildung 5.1: Eine Beispielsituation zur Darstellung des normalen und vereinfachten Trainings. Es wird jeweils die Simulation der Welt sowie die Wahrnehmungskarte $\mathcal{O}$ in der Perspektive des Agenten gezeigt, vergleiche auch Abbildung 4.5.

Um den Trainingsverlauf zu überwachen, wird die Entwicklung der Qualität des Agenten über die Epochen evaluiert. Dabei soll lediglich berücksichtigt werden, wie gut die Aufgabe in Bezug auf die Belohnungsfunktion r erfüllt wird. Um dabei die Zeitgewichtung durch den Diskont zu vermeiden, wird der reine Gewinn

$$\tau = \sum_t r_{t+1}$$

jeder einzelnen Episode betrachtet. Dieser ergibt sich direkt aus den generierten Trajektorien durch π_{θ_0}. In den beiden folgenden Abschnitten wird deren Entwicklung für verschiedene Lernszenarien sowie Variationen in den Hyperparametern des Trainingsverfahrens untersucht.

5.1.1 Verlauf des Trainings für verschiedene Probleme

Die Geschwindigkeit des Lernprozesses hängt maßgeblich von der Aufgabe des Agenten ab. Diese wird nach Abschnitt 4.3.4 dadurch charakterisiert, ob ein FAHRER- oder STOPPER-Modell trainiert wird. Zusätzlich werden zwei verschiedene Lernszenarien miteinander verglichen:

i. Normal: Die Simulation während des Trainings wird umgesetzt wie in Abschnitt 4.3 erläutert. Dies betrifft insbesondere die Simulation der Laser-Sensorik zur Wahrnehmung von Hindernissen in Form von anderen Fahrzeugen.

ii. Vereinfacht: In diesem Fall werden zum Training keine zusätzlichen Fahrzeuge als Hindernisse generiert. Strukturen in der Wahrnehmungskarte $\mathcal{O}$ des Agenten ergeben sich dann nur aus dem Vorwissen bezüglich des befahrbaren Bereichs.

Eine exemplarische Situation zum Vergleich beider Varianten ist in Abbildung 5.1 dargestellt. Die Wahl der Lernumgebung hat starken Einfluss auf die Zeit, die zum Training erforderlich ist. Bei voller Simulation der Laser-Sensorik werden im Durchschnitt 150 s pro Epoche benötigt, während dies in der vereinfachten Variante auf 90 s reduziert werden kann. Die Anzahl der nötigen Epochen ist aufgrund der stochastischen Natur des

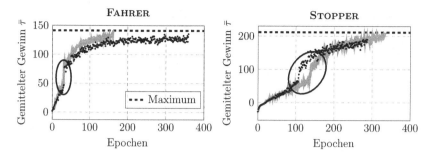

Abbildung 5.2: Exemplarischer Verlauf des gemittelten reinen Gewinns $\bar{\tau}$ während des Lernens eines FAHRER- und STOPPER-Agenten. Die dunklen, gepunkteten Kurven beschreiben das normale Training, während die jeweils hellere, durchgezogene Linie die vereinfachte Variante darstellt. Der Übergang zwischen den Phasen der Belohnungsfunktion ist durch eine Ellipse markiert. Die Entwicklung wird bis zum Erreichen der jeweiligen Maximalstelle gezeigt.

Lernverfahrens variabel. Allgemein kann jedoch immer eine Konvergenz in weniger als 350 Epochen erreicht werden. Damit ergeben sich maximale Trainingszeiten von 15 h beziehungsweise 9 h. Dabei werden durchschnittlich 150 Episoden pro Epoche simuliert. Dies entspricht einer mittleren Episodendauer von 110 Zeitschritten, wobei dieser Wert abhängig vom Trainingsfortschritt relativ stark schwankt. Insgesamt werden dadurch Daten aus bis zu 52 500 Problemen für das Lernen eines Agenten verwendet.

Beispielhafte Entwicklungen des Gewinns über die Epochen für FAHRER- und STOPPER-Modell sowie für beide Lernvarianten sind in Abbildung 5.2 gezeigt. Um die Schwankungen durch die stochastische Simulation zu verringern, wird der gemittelte reine Gewinn $\bar{\tau}$ über die letzten 100 Epochen dargestellt. Generell zeigen alle Kurven eine stetige Verbesserung der zugrunde liegenden Modelle. Dabei zeichnet den STOPPER-Agenten eine etwas flachere Lernkurve und damit ein insgesamt langsameres Training aus. Insbesondere dauert die erste Phase, in welcher der Agent seine Aufgabe kennenlernt, ungefähr 100 Epochen länger. Dies ergibt sich ursächlich aus der deutlich anspruchsvolleren Aufgabe im Vergleich zum FAHRER, was in Abschnitt 4.3.4 bereits erläutert wurde. Während beim STOPPER bis nach 250 Epochen noch ein deutlicher Fortschritt stattfindet, beginnt die Entwicklung beim FAHRER bereits nach 150 − 200 Epochen zu stagnieren. Für Letzteren kann dadurch mit dem vereinfachten Training die Konvergenz in weniger als 5 h beziehungsweise 30 000 Episoden erreicht werden. Insbesondere wird für beide Probleme ein leicht verbesserter maximaler Gewinn erzielt, wenn das Lernen ohne zusätzliche Fahrzeuge als Hindernisse durchgeführt wird. Auch dies begründet sich in der insgesamt einfacheren Aufgabe dieser Variante im Kontrast zum normalen Training. Ein Vergleich der Leistungsfähigkeit aller hier betrachteten Agenten wird in Abschnitt 5.2.4 durchgeführt.

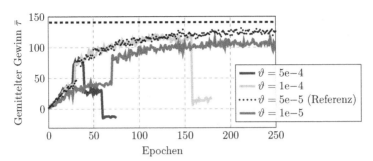

(a) Variation der Lernrate ϑ

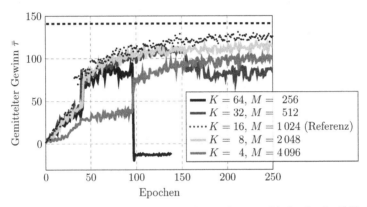

(b) Verteilung der Trainingsdaten auf K Gradientenschritte mit Minibatches der Größe M

Abbildung 5.3: Entwicklung des gemittelten reinen Gewinns $\bar{\tau}$ während des Trainings eines FAHRER-Agenten mit Hindernissen für unterschiedliche Parametrisierungen des Lernverfahrens. Die gestrichelte schwarze Linie markiert jeweils das Maximum aus Abbildung 5.2.

5.1.2 Variation von Hyperparametern des Lernverfahrens

Ein wesentlicher Faktor bei der Optimierung der Gewichte von Neuronalen Netzen ist die Parametrisierung des Trainings. Bei schlechter Wahl der entsprechenden Hyperparameter kann die Konvergenz des Verfahrens deutlich eingeschränkt sein. Da diese Variablen in der Regel nur eine numerische Bedeutung haben, sind für deren Definition entweder Erfahrungswerte oder entsprechende Experimente erforderlich.

Allgemein ist die Lernrate ϑ einer der wichtigsten Trainingsparameter des Gradientenverfahrens, vergleiche dazu auch Abschnitt 2.2.1. Wird diese zu klein gewählt, können nicht genug Änderungen in den Gewichten des Neuronalen Netzes erreicht werden. Ist sie dagegen zu groß, wird das Training schnell numerisch instabil. Für den Fall des Adam Gradientenabstiegs aus dieser Arbeit ist das normale Training eines FAHRER-Agenten für verschiedene Lernraten in Abbildung 5.3a dargestellt. Hier zeigt sich, dass bereits vergleichsweise geringe Abweichungen vom verwendeten Referenzwert zu deutlichen Verschlechterungen des Gesamtergebnisses führen. Insbesondere resultiert eine Erhöhung von ϑ in plötzlichen Einbrüchen des Trainingsfortschritts. Dabei ergibt eine größere Lernrate ein früheres Abfallen des gemittelten Gewinns. Bei einem verringerten Wert von ϑ gegenüber der Referenz verschiebt sich dagegen der Übergang zwischen den beiden Phasen des Trainings nach hinten. Statt nach ungefähr 30 Epochen findet dieser dann erst nach 72 Epochen statt. Die Werte der resultierenden Lernkurve sind zudem konstant geringer als im Referenztraining.

Ähnliche Beobachtungen können bei einer veränderten Nutzung der $N = 16\,384$ simulierten Zeitschritte pro Epoche gemacht werden. Wie in Abschnitt 5.1 vorgestellt, werden diese auf $K = 16$ Gradientenabstiege mit jeweils Minibatches der Größe $M = 1\,024$ aufgeteilt. Abbildung 5.3b zeigt die Verläufe des gemittelten reinen Gewinns während des Trainings für verschiedene Variationen dieser beiden Parameter, wobei immer $K \cdot M = 16\,384$ gilt. Je mehr Optimierungsschritte - mit dafür kleineren Minibatches - pro Epoche durchgeführt werden, desto stärkere numerische Instabilitäten sind zu erwarten, da eine zunehmende Überanpassung an die jeweils aktuelle Datenlage vorgenommen wird. Dies wird auch in diesem Fall durch plötzliche Einbrüche des Trainingsfortschritts bestätigt, ähnlich wie bei einer erhöhten Lernrate. Andererseits ergeben wenige Optimierungsschritte mit großen Minibatches vergleichsweise konservative Lernverfahren mit entsprechend flacherem Trainingsverlauf. Im Falle von nur vier Gradientenabstiegen verschiebt sich zudem der Phasenübergang innerhalb des Trainings auf die 98. Epoche.

Insgesamt zeigt sich, dass die Parametervariationen in beiden Fallbeispielen in das jeweils erwartete Verhalten resultiert. Insbesondere kann eine erhöhte Sensibilität des Trainingsergebnisses für Änderungen in den betrachteten Hyperparametern festgehalten werden.

5.2 Evaluierung in der Simulation

Die Leistungsfähigkeit der fertig trainierten Agenten wird innerhalb der Simulationsumgebung untersucht. Dabei wird zunächst nur das Ergebnis aus dem normalen Training, mit Hindernissen durch weitere Fahrzeuge, betrachtet. Exemplarisch wird die Lösung der Aufgabe aus Abschnitt 5.1.1 untersucht, bei welcher ein STOPPER-Agent an einer vorgegebenen Stelle zum Stehen kommen soll. Da die Anfangsorientierung kritisch ist, sich das Ziel kurz hinter einer Kurve befindet und ein Fahrzeug unmittelbar davor das notwendige Ausholen erschwert, kann dieses Problem als vergleichsweise anspruchsvoll angesehen werden. Trotzdem ergibt sich durch die Steuerung des Agenten ein sicherer Pfad, wie in Abbildung 5.4 dargestellt. Bei diesem wird zunächst das Fahrzeug parallel zur Straße ausgerichtet. Anschließend passiert der Agent in sicherer Entfernung das Hindernis auf der Straße, um dann, nach einem exakten Abbiegemanöver, beim Ziel zum Stehen zu kommen.

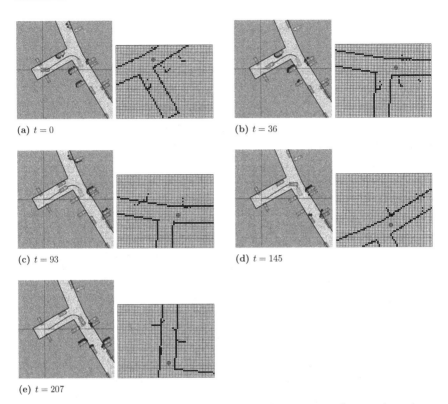

(a) $t = 0$ (b) $t = 36$

(c) $t = 93$ (d) $t = 145$

(e) $t = 207$

Abbildung 5.4: Lösung der Aufgabe aus Abbildung 5.1. Ein fertig trainierter STOPPER-Agent nimmt in jedem Zeitschritt t seine Umwelt war und berechnet dadurch Steuerungen zum Erreichen des Ziels. Dargestellt sind verschiedene Ausschnitte zusammen mit der Wahrnehmungskarte $\ominus$. Insgesamt werden 207 Zeitschritte benötigt, was 20,7 s simulierter Zeit entspricht.

Die Endorientierung wird nicht genau eingehalten, was auch anhand der Entwicklung der relativen Orientierung ϱ^r in Abbildung 5.5 zu sehen ist. Zwar zeigt der Verlauf des Lenkwinkels β einen Volleinschlag der Reifen innerhalb der Kurve ab $t \approx 130$, jedoch wird anschließend die Geschwindigkeit v stark verringert, sodass nach dem Abbiegen keine hinreichende Änderung in der Ausrichtung möglich ist. Dieses Resultat wird dadurch verstärkt, dass kleine Lenkwinkel während des Trainings belohnt werden, wodurch der Agent unmittelbar vor dem Stillstand die Reifen gerade stellt.

Bemerkenswert ist die Wechselwirkung zwischen den Steuerkommandos während der ersten 20 Zeitschritte am Anfang der Episode. Um hier eine Kollision mit der Fahrbahnbegrenzung zu vermeiden, wird die Startgeschwindigkeit von 4 km/h kurz reduziert, bis durch die Lenkwinkeländerung ein genügend großer Einschlag der Reifen erreicht ist. Beim anschließenden Gegensteuern wird das Fahrzeug ohne ein merkliches Überschwingen zum

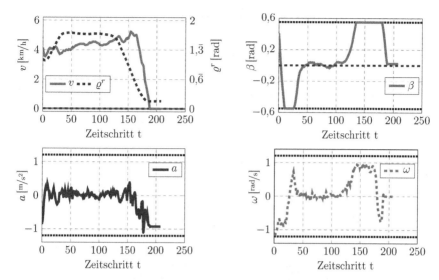

Abbildung 5.5: Entwicklung von Geschwindigkeit v, relativer Orientierung ϱ^r und des Lenkwinkels β während des Regelvorgangs aus Abbildung 5.4. Die jeweils farbig gestrichelte Linie markiert den Zielwert am Ende der Episode. Zusätzlich sind die Beschleunigung a sowie die Lenkwinkeländerung ω als Steuerkommandos des Agenten dargestellt. In allen Fällen beschreiben die gepunkteten schwarzen Linien die Schranken der jeweiligen Variablen.

Fahrweg ausgerichtet.

Die Steuerkommandos des Agenten sind verhältnismäßig unruhig. Dies trifft insbesondere auf die Beschleunigung zu, was in leichten Schwankungen der Fahrzeuggeschwindigkeit von bis zu 0,3 km/h resultiert. Eine mögliche Ursache dafür könnte die nicht kontinuierliche Darstellung der Laser-Sensorik innerhalb der Wahrnehmungskarte sein. Zudem könnte die hohe Anzahl an trainierbaren Parametern der Neuronalen Netze π_θ zu starken Fluktuationen bei nur kleinen Änderungen in der Eingabe führen. Um dieses Verhalten näher zu untersuchen, werden in den beiden folgenden Abschnitten zunächst numerische Stabilitätsbetrachtungen für die Komponenten des Zustandsraumes S durchgeführt. Anschließend wird in Abschnitt 5.2.3 die gelernte Interpretation der Wahrnehmungskarte $\mathcal{O}$ durch die Faltungsoperationen untersucht. Zum Abschluss erfolgen in Abschnitt 5.2.4 eine Evaluation und ein Vergleich der Leistungsfähigkeit von Agenten aus dem normalen sowie vereinfachten Training.

5.2.1 Numerische Stabilitätsanalyse der Koordinaten

Das Verhältnis zwischen den aktuellen Koordinaten des Fahrzeugs und dem Ziel wird im Zustandsraum S durch den Teilraum

$$\tilde{S} = \{(x^r, y^r, v, v^t, \beta, \varrho^r_{\Re}, \varrho^r_{\Im})^\top \in \mathbb{R}^7\}$$

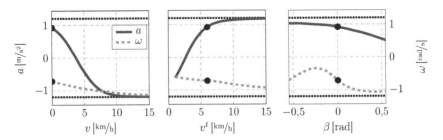

Abbildung 5.6: Einfluss von Änderungen der Fahrzeug- und Zielgeschwindigkeit sowie des Lenkwinkels auf die Steuerungen a und ω. Betrachtet wird die Startsituation des Fallbeispiels aus den letzten Abschnitten. Der schwarze Punkt markiert jeweils die Steuerung für die Referenzwerte.

repräsentiert, vergleiche dazu auch Abschnitt 4.3.2. Dessen Elemente unterliegen während des Fahrens ständigen Fluktuationen und sind in einem Realfahrzeug insbesondere mit Messunsicherheiten behaftet. Daher wird in diesem Abschnitt der Einfluss von Änderungen der einzelnen Komponenten auf die Steuerungswerte a und ω anhand des Fallbeispiels der vorigen Abschnitte untersucht. Dabei werden die Geschwindigkeitswerte, der Lenkwinkel sowie die Orientierung nacheinander variiert, während die jeweils übrigen Werte konstant bleiben. Als Referenzwerte werden

$$v = 0 \, \text{km/h}, \quad v^t = 6 \, \text{km/h} \quad \text{sowie} \quad \beta = 0 \, \text{rad}$$

sowie die relative Position (x^r, y^r) und Orientierung $(\varrho^r_{\Re}, \varrho^r_{\Im})$ aus der Geometrie des betrachteten Problems verwendet. Die Positionierung kann aufgrund von Beschränkungen durch Hindernisse nur eingeschränkt sinnvoll manipuliert werden, sodass dies hier nicht betrachtet wird.

Die Variation der Geschwindigkeitswerte sowie des Lenkwinkels ist in Abbildung 5.6 dargestellt. Bei Erhöhung der Startgeschwindigkeit nimmt die Beschleunigung stark ab. Außerdem wird der Einfluss auf den Lenkwinkel erhöht, um eine Kollision mit der Fahrbahnbegrenzung zu vermeiden. Die Manipulation der Zielgeschwindigkeit führt ebenfalls zu einem Anpassen von a in die jeweils sinnvolle Richtung. Entsprechend wird auch hier für höhere Beschleunigungen stärker gelenkt und umgekehrt. Analog werden die Steuerwerte auch bei Variation des Lenkwinkels β verstärkt oder gedämpft, je nachdem, ob die Räder zur Fahrbahnbegrenzung zeigen ($\beta < 0$) oder davon weg ($\beta > 0$). Die resultierenden Kurven sind in allen Fällen sehr glatt.

Die Manipulation der relativen Orientierung ϱ^r kann sowohl durch Rotation des Fahrzeugs als auch durch Drehen des Ziels erfolgen. Die resultierenden Kurven für beide Varianten sind in Abbildung 5.7 dargestellt. Bei Änderung der Zielausrichtung mit $\Delta\varrho^t$ ergeben sich wie zuvor sehr glatte Verläufe für beide Steuerungswerte. Da die gewünschte Orientierung wenig Bedeutung für den Beginn des Problems hat, ist auch der Einfluss auf ω sowie insbesondere auf a vergleichsweise gering. Ein anderes Ergebnis erhält man bei der Änderung der Fahrzeugorientierung mit $\Delta\varrho$ in Richtung der gegenüberliegenden Spurbegrenzung. In diesem Fall weisen die resultierenden Kurven - insbesondere der Verlauf von ω - sehr viele

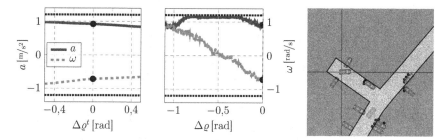

Abbildung 5.7: Einfluss von Änderungen der Fahrzeug- und Zielorientierung auf die Steuerungen a und ω. Betrachtet wird die Startsituation des Fallbeispiels aus den letzten Abschnitten. Der schwarze Punkt markiert jeweils die Referenzsteuerung ohne Variation der Orientierung. Das rechte Bild zeigt die veränderte Geometrie des Problems bei einer Fahrzeugrotation von $\Delta\varrho = -1{,}1\,\mathrm{rad}$.

kleine Sprünge auf. Trotzdem sind hier weiterhin klare und sinnvolle Tendenzen erkennbar. So ist die Beschleunigung genau dann am größten, wenn das Fahrzeug ungefähr gerade in der Spur steht. In diesem Bereich ist der Kurvenverlauf zusätzlich besonders stabil. Die Lenkwinkelgeschwindigkeit entwickelt sich entgegengesetzt zu $\Delta\varrho$, um eine Kollision mit der Fahrbahnbegrenzung zu vermeiden.

Die Variation von beiden Komponenten ϱ^t sowie ϱ führt zu einer Manipulation der Relativorientierung ϱ^r als Teil der Eingabe $\tilde{S}$. Nur der zweite Fall impliziert jedoch ebenfalls eine Änderung der Wahrnehmungskarte. Diese Erkenntnis führt zu der Annahme, dass Störungen von $\mathcal{O}$ in vergleichsweise starken Schwankungen der Steuerkommandos resultieren. Dieser Effekt wird im folgenden Abschnitt untersucht.

5.2.2 Numerische Stabilitätsanalyse der Wahrnehmungskarte

Die Regelung und Vermeidung von Hindernissen auf Grundlage einer Wahrnehmungskarte - wie in dieser Arbeit vorgestellt - sollte unanfällig gegenüber kleinen Änderungen dieser Eingabe sein. Insbesondere sollten Strukturen, die keinen Einfluss auf die Lösung des Problems haben, nicht zu merklichen Variationen in den Steuersignalen führen. Um diese Eigenschaften zu untersuchen, werden im Folgenden verschiedene Änderungen der Wahrnehmungskarte aus dem Fallbeispiel der letzten Abschnitte vorgenommen und deren Einfluss auf die Ausgabe des Agenten untersucht. In den Betrachtungen wird das Fahrzeug zu Beginn als ruhend und ohne Einschlag der Reifen angenommen. Außerdem soll es im Ziel zum Stehen kommen.

Zunächst werden Punktstörungen in drei verschiedenen Größen betrachtet, siehe dazu auch Abbildung 5.8. Dabei werden sukzessive die Belegtheitswerte in der Wahrnehmungskarte in einem bestimmten Bereich invertiert und dazu die Veränderungen der Steuerkommandos untersucht. Auffallend ist der überwiegend geringe Einfluss auf die Beschleunigung in allen Varianten. Der Bereich um die Startposition weist mit $|\Delta a| \approx 0{,}03\,\mathrm{m/s^2}$ bereits die deutlichste Veränderung dieser Steuerung auf. Da für Hindernisse in unmittelbarer Nähe zum Fahrzeug der größte Handlungsbedarf für den Agenten besteht, ist

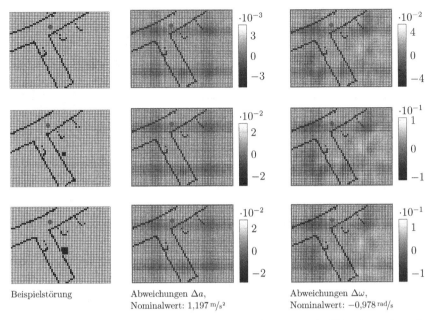

Beispielstörung   Abweichungen Δa,   Abweichungen $\Delta\omega$,
                         Nominalwert: $1{,}197\,\mathrm{m/s^2}$ Nominalwert: $-0{,}978\,\mathrm{rad/s}$

Abbildung 5.8: Numerische Stabilitätsanalyse bei einer Punktstörung in der Wahrnehmungskarte Θ für das Fallbeispiel der letzten Abschnitte. Betrachtet wird ein STOPPER-Modell mit Startgeschwindigkeit und Anfangslenkwinkel von Null. Analysiert werden Störungen der Größe 1×1 (oben), 3×3 (Mitte) sowie 5×5 (unten), bei welchen die Belegtheitseinträge in Θ invertiert werden. Links ist jeweils ein Beispiel für die betrachtete Änderung gezeigt, während die Abweichung zum ungestörten Wert für beide Steuergrößen in der Mitte und rechts zu sehen ist. Die dargestellten Größen beziehen sich jeweils auf den zentralen Pixel des gestörten Bereichs.

diese Beobachtung nachvollziehbar. Die Stärke der Abweichungen unterscheidet sich dabei kaum bei Störungen der Größe 3×3 und 5×5, allerdings ist die Ausdehnung des markanten Bereichs im letzteren Fall leicht größer.

Im Kontrast dazu ist der Einfluss auf die Lenkwinkelgeschwindigkeit ω wesentlich unstrukturierter. Für alle drei Fälle ergibt sich ein großer Bereich von Änderung mit positivem Vorzeichen bei Störungen auf der rechten Seite des Bildes. Umgekehrt sind diese großflächig negativ bei Manipulationen im linken Teil. Zusätzlich gibt es mehrere kleine Bereiche mit vergleichsweise deutlichem Einfluss in beide Richtungen. Die Stärke der Veränderung nimmt mit der Größe der Störungen in der Wahrnehmungskarte zu und ist auch insgesamt sichtbar höher als bei der Beschleunigung. Schon für das Beispiel von mittelgroßen Objekten ergeben sich Änderungen von bis zu $0{,}1\,\mathrm{rad/s}$.

Vor allem die Resultate für ω bestärken die Hypothese des vorigen Abschnitts, dass die Ausgabe des Agenten mit relativ hoher Sensitivität auf Änderungen in Θ reagiert. Zudem werden hier die vergleichsweise stärkeren Schwankungen im Verlauf der Lenkwinkelgeschwindigkeit in Abbildung 5.7 bestätigt.

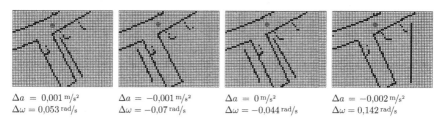

$\Delta a = 0{,}001\,\mathrm{m/s^2}$
$\Delta\omega = 0{,}053\,\mathrm{rad/s}$

$\Delta a = -0{,}001\,\mathrm{m/s^2}$
$\Delta\omega = -0{,}07\,\mathrm{rad/s}$

$\Delta a = 0\,\mathrm{m/s^2}$
$\Delta\omega = -0{,}044\,\mathrm{rad/s}$

$\Delta a = -0{,}002\,\mathrm{m/s^2}$
$\Delta\omega = 0{,}142\,\mathrm{rad/s}$

Abbildung 5.9: Abweichungen Δa in der Beschleunigung und $\Delta\omega$ in der Lenkwinkelgeschwindigkeit bei Störungen durch Linien außerhalb der Fahrspur. Die betrachtete Referenzsituation ist ansonsten identisch zu Abbildung 5.8.

Einen Einfluss auf die Resultate könnte die Form der hier betrachteten Störungen als massives Quadrat haben, welches nicht als natürliches Hindernis aus dem Training bekannt ist. Aus diesem Grund werden in einem zweiten Experiment Störungen durch künstliche Linien eingeführt, die durch ihre Lage keine Auswirkung auf die Lösung der Aufgabe haben sollten, siehe dazu auch Abbildung 5.9. Auch hier ist der Einfluss auf die Lenkwinkelgeschwindigkeit deutlich stärker als auf die Beschleunigung. Insbesondere gilt dies für eine zusätzliche vertikale Linie auf der rechten Seite der Wahrnehmungskarte. Diese führt zu einer vergleichsweise starken Änderung von ω in positiver Richtung, wodurch der Agent eine geringere Lenkung verwendet und somit weniger stark der Spurbegrenzung ausweicht. Im Kontrast dazu haben Linien, die ungefähr parallel zur tatsächlichen Fahrspur verlaufen, einen deutlich geringeren Einfluss auf die Steuergrößen. Eine mögliche Interpretation ist, dass der Agent gelernt hat, einen starken Fokus auf vertikale Linien in der Wahrnehmungskarte zu legen. Deren Identifikation impliziert während des Trainings eine gute Ausrichtung innerhalb der Fahrspur. Um dieses Verhalten näher zu untersuchen, wird im folgenden Abschnitt die Ausgabe der gelernten Faltungsschichten eines Agenten analysiert.

5.2.3 Aufmerksamkeit in der Wahrnehmungskarte

Zur Vermeidung von Kollisionen mit Hindernissen während der Regelung muss der Agent seine Umwelt interpretieren können. Dazu werden in dieser Arbeit Faltungsoperationen als Teil der Neuronalen Netze für die Policy π_θ sowie die Bewertungsfunktion V^θ verwendet. Durch diese kann der Agent Filter zur Detektion von Strukturen innerhalb von Wahrnehmungskarten Θ erlernen. In der ersten Faltungsschicht Σ_1 werden dazu zum Beispiel 30 parallele Operationen gelernt, vergleiche auch Abschnitt 4.3.3.

Eine einfache Möglichkeit, um deren Ausgaben zu evaluieren, ist die Berechnung von *Aufmerksamkeitskarten* nach [109]. Diese Methode wurde ursprünglich dazu entwickelt, die Kompression von faltungsbasierten Neuronalen Netzen durch *Knowledge Distillation* zu verbessern, siehe dazu auch [36], [18]. Sie eignet sich aber auch zum Erkenntnisgewinn darüber, nach welchen Kriterien ein Neuronales Netz ein Bild verarbeitet. Dabei werden Ergebnisse der einzelnen Faltungsoperationen nach Anwendung der zugehörigen Aktivierungsfunktion zusammengefasst. Die entstandene Karte beschreibt die Stellen im

Eingabebild, die besonders hohe Ausgabewerte hervorrufen. Dies kann als Aufmerksamkeit des Netzes interpretiert werden.

Für die Ausgabe einer Faltung mit C Teiloperationen ist eine mögliche Berechnungsvorschrift durch

$$\mathbb{A} := \sum_{c=1}^{C} (\Sigma^c)^2$$

gegeben. Eine Auswahl von Aufmerksamkeitskarten $\mathbb{A}_1$ und $\mathbb{A}_2$ zu den beiden Faltungsschichten Σ_1 sowie Σ_2 sind in Abbildung 5.10 für das Fallbeispiel der vorigen Abschnitte sowie für zwei weitere simulierte Situationen dargestellt. Bei den Neuronalen Netzen in dieser Arbeit besteht die zweite Schicht nur aus einer einzigen Operation, weshalb hier keine Summation erforderlich ist.

Die erste Faltung Σ_1 wird mit Faltungskernen der Größe 3×3 direkt auf die Wahrnehmungskarte angewendet, wodurch die Strukturen der korrespondierenden Aufmerksamkeit $\mathbb{A}_1$ (in der dritten Spalte) stark an der Eingabe $\mathcal{O}$ orientiert sind. Das Polygon des befahrbaren Bereichs ist hier klar zu erkennen und auch die Konturen der Sensormessungen sind gut sichtbar. Trotzdem sind bereits in dieser Stufe klare Priorisierungen vorhanden. So wird zum Beispiel den Begrenzungen der aktuellen Fahrspur eine vergleichsweise hohe Bedeutung zugemessen und auch bestimmte Ecken bei Kreuzungen werden als wichtiger interpretiert als andere. Zusätzlich ergeben sich für detektierte Hindernisse höhere Aktivierungswerte, wenn sie in der aktuellen Fahrtrichtung des Agenten sind. Dies ist im dritten und insbesondere im ersten Beispiel gut sichtbar.

Die räumliche Auflösung der Ausgabe der ersten Faltung wird durch ein Max-Pooling reduziert, sodass sich ebenfalls die Anzahl an Details in der Karte $\mathbb{A}_2$ im Vergleich zu $\mathbb{A}_1$ verringert. Andererseits ist die Menge an Pixeln aus $\mathcal{O}$, die zu einem Datenpunkt in der zweiten Aufmerksamkeitskarte beitragen, deutlich höher, wodurch Interpretationen auf einer größeren Ebene möglich sind. So werden zum Beispiel Sensormessungen von irrelevanten Hindernissen weniger Bedeutung beigemessen als vorher. Weiterhin ist die direkte Information über die Zielposition in allen Beispielen nicht mehr vorhanden. Indirekt scheint sie jedoch trotzdem Berücksichtigung zu finden, indem zum Beispiel, wie im ersten Fall, anliegende Fahrbegrenzungen eine höhere Aktivierung erhalten. Ansonsten erfolgt die Priorisierung von Kanten und Ecken ähnlich zum vorigen Schritt $\mathbb{A}_1$.

Insgesamt lässt sich festhalten, dass der Agent eine nachvollziehbare Interpretation der Wahrnehmungskarte lernt. Insbesondere scheinen dabei sowohl die eigene als auch die Zielposition berücksichtigt und ausgewählte Strukturen - zum Beispiel Ecken oder Sensormessungen - gezielt priorisiert zu werden. Außerdem wird die Hypothese des vorigen Abschnitts bestätigt, dass während des Trainings besonders starke Detektoren für annähernd vertikal verlaufende Linien in $\mathcal{O}$ gelernt werden.

5.2.4 *Leistungsfähigkeit von trainierten Agenten*

Zur Validierung der Policy im Rahmen des Trainings wird der gemittelte reine Gewinn $\bar{r}$ während der Exploration durch π_{θ_0} verwendet. Da dort die Auswahl der Steuerungen

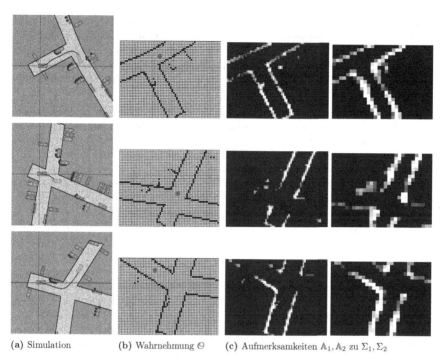

(a) Simulation   (b) Wahrnehmung $\odot$ (c) Aufmerksamkeiten $\mathbb{A}_1, \mathbb{A}_2$ zu Σ_1, Σ_2

Abbildung 5.10: Aufmerksamkeitskarten $\mathbb{A}_1$ und $\mathbb{A}_2$ für die Faltungen Σ_1 sowie Σ_2 zu drei verschiedenen Situationen für einen FAHRER-Agenten. Während schwarze Bereiche für niedrige Aufmerksamkeitswerte stehen, sind sie mittelgroß für graue und sehr hoch für weiße Pixel.

stochastisch auf Basis der aktuellen Normalverteilung erfolgt (siehe dazu auch Abschnitt 4.3.3), kann dieser Wert nur als Approximation an die tatsächliche Leistungsfähigkeit des betrachteten Modells angesehen werden. Um diese a posteriori zu bestimmen, werden fertig gelernte Agenten zum Lösen von 10 000 zufällig simulierten Problemen eingesetzt. Zur Auswertung wird wie zuvor $\bar{\tau}$ als gemittelter reiner Gewinn verwendet, welcher in diesem Fall durch Berücksichtigung aller Aufgaben berechnet wird. Zudem wird untersucht, wie wahrscheinlich eine Episode erfolgreich, durch Kollision mit einem Hindernis oder der Fahrspurbegrenzung, durch Ablauf der maximalen Zeit oder durch Überschreiten der Höchstgeschwindigkeit von $v_{\max} = 15\,\mathrm{km/h}$ beendet wird. Zusätzlich wird eine Gegenüberstellung des normalen Trainings mit der vereinfachten Alternative vorgenommen. Um einen sinnvollen Vergleich beider Varianten durchführen zu können, werden hier stets Fahrzeuge als Hindernisse generiert, vergleiche dazu auch Abschnitt 5.1.1.

Eine Zusammenfassung der Ergebnisse ist in Tabelle 5.1 bereitgestellt. Für alle Modelle ist das Resultat für den gemittelten reinen Gewinn $\bar{\tau}$ vergleichbar mit den Höchstwerten der Lernkurven aus dem Training, wie in Abbildung 5.2 gezeigt. Zudem ist das häufigste Kriterium zur Terminierung einer Episode die erfolgreich geregelte Fahrt zum Ziel, was in bis zu 90,7 % der Fälle gelingt. Die entsprechende Wahrscheinlichkeit ist dabei für den STOPPER-Agenten jedoch um 4,6 beziehungsweise 9,9 Prozentpunkte geringer. Dieses Ergebnis bestätigt noch einmal, dass ein exakter Anhaltevorgang vergleichsweise schwierig zu regeln ist. Für eine tiefere Analyse und Einordnung der Erfolgshäufigkeiten wäre ein Vergleich mit alternativen Methoden, wie zum Beispiel einem modellprädiktiven Regler, sinnvoll.

Als negative Ursache zum Beenden einer Episode tritt im Wesentlichen die Kollision mit einem Hindernis oder der Fahrbahnbegrenzung auf. Hierzu liegen Wahrscheinlichkeiten von 6,1 % bis 14,5 % vor. Das Ablaufen der maximalen Zeit einer Episode findet dagegen nur ungefähr halb so oft statt und die maximale Geschwindigkeit wird nie überschritten. Im Sinne von Sicherheitsaspekten wäre es sinnvoll, dass der Agent zur Kollisionsvermeidung immer einen kontrollierten Stopp ausführt, wenn er das gegebene Ziel als nicht erreichbar erkennt. Dieser Aspekt könnte zum Beispiel durch Verbesserungen in der Belohnungsfunktion innerhalb des Trainings berücksichtigt werden.

Insgesamt ergeben das normale und das vereinfachte Training jeweils ähnliche Ergebnisse, obwohl das Berücksichtigen von Hindernissen in Form von Fahrzeugen bei letzterem nicht gelernt wurde. Bemerkenswert ist besonders der Vergleich der STOPPER-Agenten, bei denen der reine Gewinn des vereinfachten Trainings sogar deutlich höher ausfällt. Dies resultiert im Wesentlichen aus einer erhöhten Wahrscheinlichkeit für das erfolgreiche Abschließen einer Episode. Obwohl sich die Kollisionswahrscheinlichkeit im Vergleich zum normalen Training erhöht, kann dies als Indiz dafür betrachtet werden, dass Strukturen der Wahrnehmungskarte vergleichsweise allgemein gelernt werden. Dadurch können - zumindest teilweise - auch vorher unbekannte Objekte bei der Berechnung von Steuerkommandos berücksichtigt werden.

Diese Beobachtung kann durch eine Berechnung von Aufmerksamkeitskarten für die Faltungen der Agenten des vereinfachten Trainings verifiziert werden. Diese sind für ein FAHRER-Modell in Abbildung 5.11 dargestellt. Ein Vergleich mit den Ergebnissen aus dem normalen Trainings in Abbildung 5.10 zeigt, dass die Verarbeitung der Wahrnehmungskarte für beide Modelle generell sehr ähnlich gelernt wurde. Insbesondere wird auch bei der vereinfachten Variante ein verstärkter Fokus auf das Hindernis in der Fahrspur des Agenten gelegt. Etwas weniger Aufmerksamkeit erhält dagegen die zu umfahrende Ecke, während das (eigentlich irrelevante) parkende Fahrzeug in der Nähe des Ziels als vergleichsweise wichtig bewertet wird.

Tabelle 5.1: Gemittelter Gewinn und Abbruchkriterien bei der simulierten Lösung von 10 000 Problemen für FAHRER- und STOPPER-Modelle. Es werden Agenten aus dem normalen und vereinfachten Training miteinander verglichen und dabei stets Fahrzeuge als Hindernisse generiert.

Policy	Normales Training	$\bar{\tau}$	Erfolg	Kollision	Timeout	Geschw.
FAHRER	✓	133,81	90,7	6,1	3,2	0,0
	✗	131,74	87,5	10,5	2,0	0,0
STOPPER	✓	207,32	80,8	11,5	7,8	0,0
	✗	214,49	82,9	14,5	2,6	0,0

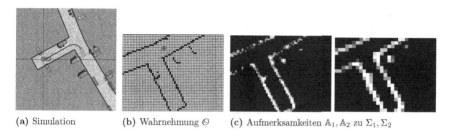

(a) Simulation　　　(b) Wahrnehmung $\mathcal{O}$　　　(c) Aufmerksamkeiten $\mathbb{A}_1, \mathbb{A}_2$ zu Σ_1, Σ_2

Abbildung 5.11: Aufmerksamkeitskarten $\mathbb{A}_1$ und $\mathbb{A}_2$ für die Faltungen eines FAHRER-Agenten aus dem vereinfachten Training für das Fallbeispiel der vorigen Abschnitte

Insgesamt zeigen die bisherigen Ergebnisse dieses Kapitels, dass in allen Trainingsvarianten sinnvolle Agenten gelernt werden, um ein autonomes Fahrzeug geregelt zu einem vorgegebenen Ziel zu bewegen. Die resultierenden Modelle können durch einfache Auswertung adäquate Steuerungen bereit stellen, die auch für komplizierte Situationen zu zielgerichteten Trajektorien führen. Insbesondere können bereits mit reduzierter Güte der Simulation, in verkürzter Rechenzeit von $5 - 9\,\mathrm{h}$, Agenten mit vergleichsweise hoher Qualität gelernt werden. Diese Erkenntnis könnte vor allem bei einer tiefergehenden Analyse zur Weiterentwicklung dieses Verfahrens von großem Nutzen sein.

5.3　Evaluierung mit einem Testfahrzeug

Aufbauend auf den Erkenntnissen und Resultaten bei der Auswertung innerhalb der Simulation werden ein FAHRER- und STOPPER-Agent als Deep Controller zusammengefasst und zur Exploration eines Parkplatzes mit dem Testfahrzeug aus Abschnitt 4.1 eingesetzt. Als Ergebnis der Experimente ist vor allem die Genauigkeit des Verfahrens für das reale System interessant, welche durch verschiedene Approximationen während des Trainings negativ beeinflusst werden könnte.

Mögliche Fehlerquellen sind

(A) Unterschiede in den Geometrien der simulierten Situationen zum Versuchsparkplatz,

(B) eine veränderte Weltwahrnehmung $\mathcal{W}$ durch die realen Sensoren,

(C) Ungenauigkeiten in der Schätzung der Fahrzeugkoordinaten $\tilde{z}$ sowie

(D) die möglicherweise zu grobe Modellierung der Fahrzeugbewegung durch das Einspurmodell aus Abschnitt 4.3.1.

Um die Wirkung dieser Aspekte auf die Leistungsfähigkeit des Regelansatzes zu untersuchen, werden in Abschnitt 5.3.1 zunächst die Integration in die bestehende Software des Projektes AO-Car erläutert sowie Implementierungsdetails erklärt. Anschließend wird in Abschnitt 5.3.2 die Testumgebung vorgestellt und analysiert. Schließlich werden in Abschnitt 5.3.3 die Resultate bei der Ausführung auf dem Realfahrzeug gezeigt und diskutiert.

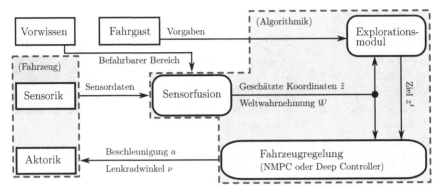

Abbildung 5.12: Vereinfachte Darstellung der Kommunikation zwischen Sensorfusion, Explorationsmodul und Fahrzeugregelung sowie zwischen dem Fahrzeug und der Algorithmik im AO-Car Projekt

5.3.1 Der Deep Controller im Projekt AO-Car

Die Aufgabe des Regelungsverfahrens im Projekt AO-Car ist die hochfrequente Bereitstellung von Beschleunigung a und Lenkradwinkel ν, vergleiche dazu auch Abschnitt 4.1. Um damit die Exploration eines Parkplatzes zu erreichen, kommunizieren verschiedene Teilmodule wie in Abbildung 5.12 skizziert miteinander. Die *Sensorfusion* vereinigt hochfrequent die Informationen der Sensorik auf Grundlage eines Erweiterten Kalman-Filters, siehe zum Beispiel [15]. Anschließend kann dessen Ergebnis mit dem Vorwissen über den befahrbaren Bereich kombiniert werden. Auf diese Weise wird eine Weltwahrnehmung $\mathcal{W}$ sowie eine Schätzung der Fahrzeugkoordinaten $\tilde{z}$ in einem Takt von $20\,\mathrm{ms}$ bereitgestellt.

Ein *Explorationsmodul* erstellt auf dieser Grundlage die aktuellen Zielkoordinaten z^t. Dabei können auch Vorgaben des Fahrgastes über die zu explorierende Strecke oder Haltewünsche berücksichtigt werden. Im Fall einer freien Fahrbahn wird das Ziel in ungefähr $15\,\mathrm{m}$ Fahrtweg vor dem Auto definiert, um so eine langfristige Planung durch den Regelalgorithmus zu ermöglichen. Auf geraden Strecken wird dabei eine Richtgeschwindigkeit von $8\,\mathrm{km/h}$ vorgegeben; für Kurven beträgt diese $5\,\mathrm{km/h}$. Liegen Einschränkungen durch Hindernisse vor, wird nach Möglichkeit eine Ausweichbahn festgelegt oder ansonsten eine Position zum kontrollierten Halt definiert.

Mit den Informationen zu $\mathcal{W}$, $\tilde{z}$ sowie z^t berechnet die *Fahrzeugregelung* schließlich die Beschleunigung a und den Lenkradwinkel ν, welche anschließend zur Umsetzung an die Aktorik des Fahrzeugs gesendet werden. Das Standardverfahren zur Berechnung der Steuerkommandos im Rahmen des AO-Car Projektes ist ein modellprädiktiver Regler. An dessen Stelle wird für diese Arbeit der Deep Controller gesetzt. Dabei werden die Wahrnehmungskarte $\mathcal{O}$ sowie die Koordinateninformationen $\tilde{s} \in \tilde{\mathcal{S}}$ analog zur Simulation aus Abschnitt 4.3.2 definiert. Die resultierende Lenkwinkelgeschwindigkeit wird im Kontext des Anfangswertproblems

$$\dot{\beta}(t) = \omega, \quad \beta(0) = \beta, \quad \beta \in \tilde{s}$$

 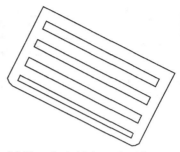

(a) © 2009 GeoBasis-DE/BKG   (b) Karte des befahrbaren Bereichs

Abbildung 5.13: Luftaufnahme und resultierende Fahrbahnbegrenzungen des zu explorierenden Parkplatzes

über einen Zeitraum t_f numerisch integriert, um so den Ziellenkwinkel $\beta(t_f)$ zu erhalten. Dieser kann schließlich auf den zugehörigen Lenkradwinkel ν umgerechnet werden.

5.3.2 Der Versuchsparkplatz

Der Deep Controller wird für die Exploration des Hauptparkplatzes der Universität Bremen getestet, welcher in Abbildung 5.13a dargestellt ist. Der befahrbare Bereich außerhalb der Parkflächen ergibt sich hier aus mehreren, zueinander rechtwinkligen und gerade verlaufenden Reihen. Das Vorwissen über die entsprechenden Begrenzungen wurde vergleichsweise grob durch GPS-Koordinaten abgespeichert. Die resultierende Karte ist in Abbildung 5.13b gezeigt.

Während der Regelung wird die Umwelt des Fahrzeugs durch die Verarbeitung einer entsprechenden Wahrnehmungskarte berücksichtigt. In Abbildung 5.14 sind Beispiele dazu für zwei unterschiedliche Situationen dargestellt. Im Vergleich zu den simulierten Varianten aus den vorigen Abschnitten fällt hier vor allem die mehrfache Linienführung beim Geradeausfahren im Teilbild 5.14a auf. Diese ergibt sich aus den Fahrbahnbegrenzungen der eng benachbarten Reihen, vergleiche dazu auch die betrachteten Bereiche in Abbildung 5.14c. Ähnliche Situationen wurden in Abschnitt 5.2.2 mit dem Ergebnis untersucht, dass zusätzliche Linien parallel zur eigentlichen Fahrspur keinen wesentlichen Einfluss auf den Regler haben. Somit sind bezüglich Fehlerquelle (A) (aus der Einführung in Abschnitt 5.3) nur geringe Störungen für die Steuergrößen zu erwarten.

Die Wahrnehmung von Hindernissen während des Trainings wurde durch Sensormessungen simuliert. Trotzdem unterscheiden sich die tatsächlichen Messwerte innerhalb der Wahrnehmungskarten in ihrem Aussehen teils erheblich von den Beispielen der vorigen Abschnitte. Insgesamt weisen sie weniger Struktur auf und bestehen teilweise aus sehr großen Punktwolken. Wie in Abschnitt 5.2.2 gezeigt, kann Fehlerquelle (B) damit zu Störungen führen, welche insbesondere die berechneten Lenkwinkel betreffen. Außerdem stehen einige Hindernisse sehr weit außerhalb der vermessenen Parkflächen. Ursachen dafür können tatsächlich schlecht positionierte Fahrzeuge, aber auch Ungenauigkeiten im

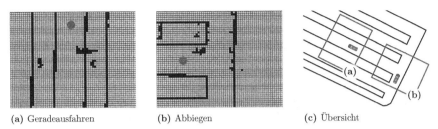

(a) Geradeausfahren   (b) Abbiegen   (c) Übersicht

Abbildung 5.14: Wahrnehmungskarten des Realfahrzeugs in zwei verschiedenen Situationen bei der Exploration des Parkplatzes aus Abbildung 5.13

Vorwissen oder in der Lokalisation zur Laufzeit sein. Insbesondere im Fall des Abbiegens in Abbildung 5.14b entstehen dadurch erhöhte Anforderungen an die Qualität der Fahrzeugsteuerung.

5.3.3 Analyse der Umsetzung

Die Nutzung eines Reinforcement Learning Agenten in Form eines Neuronalen Netzes als Regler für ein autonomes Fahrzeug wird in Abschnitt 4.2.2 im Wesentlichen durch zwei Aspekte motiviert. Der erste bezieht sich auf die sehr strikten Anforderung an die gegebene Rechenzeit, die ein fertig trainiertes Modell einhalten kann. Zum Beispiel ergibt sich bei der 100 000-fachen Verarbeitung von zufälligen Eingaben auf einem Intel Core i7 Prozessor eine durchschnittliche Auswertungszeit von 1,2 ms pro Steuertupel (a, ν). Interessant ist dabei der Vergleich mit der Berechnung auf einer GeForce GTX 1080 Ti GPU, bei welcher nur eine mittlere Auswertungszeit von 1,48 ms erreicht wird. Zwar können die Operationen auf dieser Grafikkarte deutlich stärker parallelisiert werden, jedoch scheint der dabei entstehende Mehraufwand für die verhältnismäßig kleinen Neuronalen Netze aus dieser Arbeit zu hoch zu sein.

Das zweite Kriterium der Motivation ist die potentiell hohe Allgemeingültigkeit des resultierenden Regelgesetzes. Insbesondere sollte dieses die nichtlineare Dynamik des Fahrzeugmodells berücksichtigen und die Kollision mit Hindernissen bei der Parkplatzexploration vermeiden können. Dabei hat sich eine Integrationszeit für die Lenkwinkelgeschwindigkeit von $t_f = 50$ ms als sinnvoll erwiesen, um der Aktorik einen hinreichend starken Unterschied zum aktuellen Messwert β vorzugeben.

Damit ergibt sich eine geregelte Fahrt auf dem Testparkplatz, wie beispielhaft in Abbildung 5.15 gezeigt. Dargestellt wird ein kontinuierlicher Prozess, bei dem ein bestimmtes Parkareal fünfmal gegen den Uhrzeigersinn umrundet wird. Dabei fällt besonders positiv auf, dass die geschätzten Positionen sehr konstant auf einem festen Pfad liegen. Dies deutet nicht nur auf eine robuste Steuerung des Fahrzeugs, sondern auch auf eine hohe Präzision in der Messung der Positionsdaten hin. Abweichungen vom Normverlauf ergeben sich natürlicherweise zu Beginn der Fahrt und ansonsten im Wesentlichen vor der linken Doppelkurve. Letzteres kann zum Teil auch auf den Einfluss eines sich bewegenden Drittfahrzeugs während des Experiments zurückgeführt werden. Insgesamt wird die gestellte

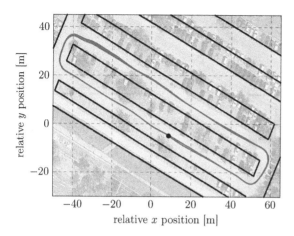

Abbildung 5.15: Beispiel für die geschätzten x- und y-Positionen relativ zur Karte der Fahrbahnbeschränkung beim fünffachen Umrunden eines Parkbereichs gegen den Uhrzeigersinn. Der Beginn der Fahrt ist durch einen schwarzen Punkt gekennzeichnet. Das unterliegende Satellitenbild (© 2009 GEOBASIS-DE/BKG) ist zur Orientierung eingefügt, wurde jedoch nicht am selben Tag aufgenommen und kann nur als sinngemäße Referenz für den Verlauf der Fahrzeugbewegung verstanden werden.

Aufgabe sehr zuverlässig gelöst, wobei die Qualität der gefahrenen Trajektorie als hochwertig beurteilt werden kann. Zu allen Zeiten wird ein hinreichend großer Abstand zu den Fahrbahnbeschränkungen eingehalten, was vor allem in den doppelten Kurvenabschnitten nicht trivial ist. Letztere zeichnen sich zudem dadurch aus, dass das Fahrzeug anschließend sofort - ohne ein besonderes Überschwingen - wieder mit der Fahrspur ausgerichtet ist.

Negativ beeinträchtigt wird das Fahrgefühl hingegen auf den langen Geradenabschnitten durch die leichten Schwankungen in den Orientierungen. Zudem sind als Fahrgast kontinuierlich kleine Veränderungen in der Geschwindigkeit spürbar. Dies wird in Abbildung 5.16 visualisiert, in welcher Steuerkommandos zusammen mit dem Verlauf der Geschwindigkeit, des Lenkwinkels und der Fahrzeugorientierung dargestellt sind. Der gezeigte Ausschnitt beinhaltet die Fahrt auf einer Geraden mit anschließender Doppelkurve. Hier fallen besonders die extrem starken Variationen in der Beschleunigung a um den Nullwert auf, die auf der Geraden schließlich in Abweichungen zwischen v und v^t von bis zu einem Kilometer pro Stunde resultieren. Diese Fehler sind während der Kurvenfahrt sogar noch größer, wobei hier die Geschwindigkeit in der Tendenz eher niedriger als der Zielwert ist. Letzteres kann positiv als adaptives Verhalten des Reglers bezüglich einer erhöhten Schwierigkeit der aktuellen Situation wahrgenommen werden. Mit Blick auf die Betrachtungen bezüglich des Parkplatzes aus Abschnitt 5.3.2 sind als mögliche Ursachen für die starken Schwankungen der Beschleunigungswerte vor allem die Fehlerquellen (C) und (D) aus der Einführung des Abschnitts 5.3 zu diskutieren. Diese betreffen Ungenauigkeiten in den Fahrzeugkoordinaten $\tilde{z}$ sowie ein zu einfaches Fahrzeugmodell. Für Erstere ist besonders die Qualität bei der Schätzung der Fahrzeuggeschwindigkeit von Bedeutung. Diese

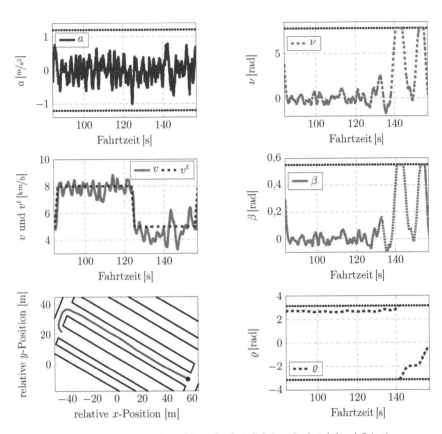

Abbildung 5.16: Steuerungen sowie geschätzte Geschwindigkeiten, Lenkwinkel und Orientierungen bei der Regelung des Testfahrzeugs mit dem Deep Controller für das Fahren auf einer Geraden mit anschließendem Doppelabbiegen. Die x-Achse markiert die Zeit nach Beginn der Testfahrt. Die gestrichelten, schwarzen Linien markieren Beschränkungen der jeweiligen Variablen. Im Winkel ϱ, zur Beschreibung der Fahrzeugorientierung, findet nach ungefähr 141 s ein Phasenübergang statt. Zum Vergleich ist ebenfalls der gefahrene Pfad mit einem schwarzen Punkt als Startposition dargestellt.

ergibt sich recht zuverlässig durch Messungen des Fahrzeuges selbst und wird zusätzlich durch das hochpräzise RTK-System gestützt. Damit ist die wahrscheinlichste Fehlerquelle für die starken Variationen in der Beschleunigung ein zu ungenaues Fahrzeugmodell während des Trainings.

Dies kann schließlich auch in den dargestellten Schwankungen der Lenkung ν resultieren, welche jedoch im Vergleich zur Beschleunigung deutlich moderater sind. Der geschätzte Lenkwinkel β ist sehr stark an den Verlauf von ν angepasst. Dies lässt sich mit einer guten Umsetzung durch die Fahrzeugaktorik sowie einer sehr genauen Messbarkeit von β erklären. Die vorliegende Steuerung führt auf der Geraden insgesamt zu leichten Abweichungen in ϱ bezüglich der Ausrichtung der Fahrspur von maximal 4,5°. Dagegen ist die Fahrzeugführung in den Kurvenabschnitten außerordentlich zielgerichtet, was noch einmal die hohe Qualität des betrachteten Regelansatzes, besonders in anspruchsvollen Situationen, unterstreicht.

Dies wird zum Abschluss durch eine gesonderte Analyse der Manöver

- *Abbiegen*,

- *Ausweichen bei Hindernissen* sowie

- *geregelter Halt im Fall einer Straßenblockade*

detaillierter untersucht. Beispiele für die Handhabung dieser Situationen durch den Deep Controller sind in Abbildung 5.17 dargestellt. Das jeweils rechte Bild zeigt den zeitlichen Verlauf der Fahrzeugbewegung, welche in allen Fällen eine sinnvolle Lösung der entsprechenden Aufgabe beschreibt. Zudem wird die Planung auf Grundlage des Einspurmodells aus Abschnitt 4.3.1 mit den (zum jeweiligen Zeitpunkt) vorliegenden Informationen demonstriert. Für alle Beispiele kann die zeitlich nächste Position gut durch die entsprechende Trajektorie aus dem vorigen Schritt abgebildet werden. Erst bei längerfristigen Betrachtungen wird diese Prädiktion teilweise ungenau.

Bei einer differenzierteren Analyse der einzelnen Fahrmanöver kann die Kurvenfahrt in Abbildung 5.17a als besonders sicher bewertet werden, trotz der vergleichsweise hohen Ungenauigkeit in der Karte des befahrbaren Bereichs. Zum Ausweichen in Teilbild 5.17b holt das Fahrzeug merklich aus und passiert das Hindernis damit sehr zielgerichtet. Insgesamt könnte hier jedoch ein etwas größerer Sicherheitsabstand eingehalten werden. Direkt im Anschluss wird ein Haltevorgang auf Wunsch des Fahrgastes eingeleitet. Durch das vorherige Ausweichen und anschließende Fahren zurück in die Spurmitte stoppt das Fahrzeug hier nicht ganz parallel zur Fahrbahn. Zudem kommt es etwas früher als geplant zum Stehen. Eine ähnliche Beobachtung ergibt sich bei dem geregelten Halt vor der Straßenblockade in Abbildung 5.17c. Hier erkennt das autonome Explorationsmodul, dass kein sicheres Vorbeifahren an den Hindernissen gewährleistet werden kann und gibt eine Halteposition vor. Auch hier bleibt das Fahrzeug am Ende früher stehen als prognostiziert. Diese Beobachtungen unterstreichen noch einmal, dass während des Trainings eine zu große Differenz zwischen dem modellierten Verhalten sowie der tatsächlichen Fahrdynamik - besonders auch beim Anhalten - vorhanden sein könnte.

Als Gesamtfazit kann festgehalten werden, dass die dargestellten Ergebnisse sowohl die Erwartungen an die Rechengeschwindigkeit als auch an die Funktionsfähigkeit des Deep Controller, auch für anspruchsvolle Situationen, auf einem realen System bestätigen.

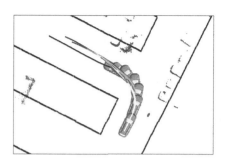

(a) Abbiegen

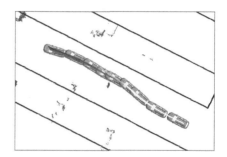

(b) Ausweichen mit anschließendem Halt

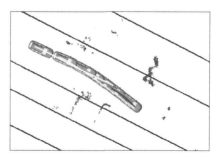

(c) Geregelter Halt vor einem Hindernis

Abbildung 5.17: Ergebnisse bei der Anwendung des Deep Controller auf dem Testfahrzeug für drei Beispielsituationen. Das jeweils rechte Bild zeigt die Bewegungsabfolge des Fahrzeugs. Zu jedem Zeitpunkt markiert eine Linie die aktuelle Trajektorie, die aufgrund von berechneter Zustandsschätzung $\hat{z}$, gegebenem Ziel z^t und Wahrnehmung $\mathcal{W}$ ausgeführt werden würde. Die zeitliche Entwicklung wird dabei über einen Farbgradienten von hell nach dunkel dargestellt. Die Punkte beschreiben die Superposition aller Sensormessungen aus der Weltwahrnehmung $\mathcal{W}$ und die Linien definieren den befahrbaren Bereich.

6 Resümee

Dieses Kapitel fasst zunächst die Motivation, das Vorgehen sowie die wesentlichen Ergebnisse des Konzeptes *Deep Controller* aus dieser Arbeit zusammen. In einem zweiten Abschnitt werden diese Erkenntnisse als Basis verwendet, um Ansätze zur Verbesserung des vorgestellten Verfahrens zu diskutieren.

6.1 Zusammenfassung

Die aktuelle Entwicklung autonomer Fahrzeuge kann als einer der wesentlichen technologischen Fortschritte moderner Gesellschaften wahrgenommen werden. Durch ihre Hilfe könnten verfügbare Straßen und insgesamt die Ressource *Automobil* effizienter genutzt werden, um so den steigenden Ansprüchen durch die stetig wachsenden Volkswirtschaften gerecht zu werden. In den letzten Jahren konnten bei der Realisierung selbstfahrender Autos große Fortschritte erzielt werden, wobei insbesondere neue Resultate des Deep Learning eine wichtige Rolle spielten. Durch diese können, basierend auf Neuronalen Netzen als leistungsstarke Funktionsapproximatoren, beispielsweise Kamerabilder zur differenzierten Interpretation von komplizierten Szenen aus dem Straßenverkehr ausgewertet werden. Allgemein zeichnen sich Neuronale Netze dadurch aus, dass sie sehr schnell ausgewertet werden können, wobei sich die Ausgabe eines fertig trainierten Modells durch vergleichsweise hohe Qualität auszeichnet. In der vorliegenden Arbeit wurden diese Eigenschaften genutzt, um einen Regelungsansatz für autonome Fahrzeuge zu definieren, zu implementieren und in der Simulation sowie auf einem Realfahrzeug auszuwerten. Als Anwendungsszenario wurde dabei die autonome Exploration eines Parkplatzes untersucht.

Dabei wurden Verfahren des Reinforcement Learning verwendet, bei dem ein Agent, in Form eines parametrisierten Modells, durch Interaktion mit seiner Umwelt die Bewältigung einer bestimmten Aufgabe erlernt. Das Ziel ist dabei indirekt durch die Definition einer Belohnungsfunktion gegeben, durch die der Trainingsfortschritt kontinuierlich bewertet wird. Um eine Aufgabe im Kontext des autonomen Fahrens zu lösen, wurde die Proximal-Policy-Optimierung als Actor-Critic-Methode für kontinuierliche Zustands- und Steuerräume hergeleitet. Deren Umsetzung erfolgte mit Neuronalen Netzen als Modellkonzept für die Policy und die Zustandsbewertungsfunktion. Zum Training wurden schließlich Techniken des Deep Learning verwendet, wie beispielsweise die Backpropagation.

Der Lernprozess eines Reinforcement Learning Agenten beruht auf dem Versuchsprinzip, sodass die Erzeugung von Trainingsdaten mithilfe eines echten Fahrzeuges zeitaufwendig und sicherheitskritisch wäre. Daher wurde eine Simulation implementiert, um zufällige Parkplatzsituationen zu erzeugen und die Wahrnehmung durch die reale Sensorik möglichst gut abzubilden. Da Parkareale sich allgemein durch geringe Geschwindigkeiten der

Zusatzmaterial online
Zusätzliche Informationen sind in der Online-Version dieses Kapitel (https://doi.org/10.1007/978-3-658-28886-0_6) enthalten.

darauf agierenden Fahrzeuge kennzeichnen, wurde dabei der Einfluss von Steuerkommandos auf die Fahrzeugbewegung mithilfe eines kinematischen Einspurmodells dargestellt. Die Entscheidungsgrundlage des Agenten ergab sich aus der Definition des Zustandsraumes. Dieser wurde in die Koordinateninformationen von Fahrzeug und Ziel sowie in eine Karte der aktuell wahrgenommenen Umwelt aufgeteilt. Das Erkennen von Strukturen in Letzterer ist durch das Erlernen von Faltungsoperationen ermöglicht worden.

Die Ergebnisse haben gezeigt, dass das Training sehr zuverlässig in maximal 15 h zu sinnvollen Ergebnissen konvergierte. Insbesondere konnte die Lernzeit durch eine vereinfachte Simulation deutlich beschleunigt werden, ohne dabei zu einem merklich schlechteren Resultat zu führen. Dies könnte einen wesentlichen Vorteil bei der weiteren Untersuchung dieses Ansatzes sowie bei der Analyse von empfindlichen Hyperparametern des verwendeten Algorithmus darstellen. Die Regelung durch die fertig trainierten Agenten wurde in der Simulation mit positivem Gesamtergebnis und wichtigen Erkenntnissen ausgewertet. Dabei hat sich vor allem gezeigt, dass die gelernten Faltungsoperationen - gezielt und sinnvoll - bestimmte Strukturen in der Wahrnehmungskarte priorisierten. Dadurch konnten die resultierenden Regelgesetze hohen Zuverlässigkeitsansprüchen genügen, wobei jedoch eine weitere Reduktion der Kollisionswahrscheinlichkeit wünschenswert wäre.

Zudem wurde in der Simulation die Stabilität der berechneten Steuerungen eines Agenten bezüglich seiner Eingabe untersucht. Hierbei konnte zum einen die sehr glatte Entwicklung von beiden Ausgabewerten bezüglich Änderungen in den Koordinateninformationen von Fahrzeug und Ziel hervorgehoben werden. Auf der anderen Seite resultierten Störungen in der Wahrnehmungskarte zu vergleichsweise hohem Rauschen, vor allem in der Lenkwinkelgeschwindigkeit.

Zuletzt wurden die gelernten Agenten als Deep Controller zur Steuerung eines Realfahrzeugs eingesetzt und ausgewertet. Dabei ist zunächst die veränderte Wahrnehmung der Umwelt des Fahrzeugs im Vergleich zur Simulation aufgefallen. Insbesondere ergaben sich teilweise große Abweichungen in den Hindernisstrukturen durch die Messungen der realen Sensorik. Weiterhin unterschied sich auch die Darstellung des befahrbaren Bereichs leicht von den bekannten Geometrien aus dem Lernprozess.

Die genaue Analyse eines Regelprozesses mit dem Deep Controller ergab zudem starke Schwankungen in den berechneten Beschleunigungen. Außerdem resultierten vor allem Anhaltevorgänge in ein zu frühes Stoppen des Fahrzeugs und damit zu Abweichungen von der Planung. Für beide Beobachtungen wurde ein zu ungenaues Fahrzeugmodell während des Trainingsprozesses als wahrscheinlich identifiziert.

Insgesamt kann festgehalten werden, dass der Deep Controller auch in der Realanwendung sehr zuverlässig zu sicheren Manövern führt. Dies wurde sowohl anhand einer sehr langen, kontinuierlichen Fahrt als auch am Beispiel verschiedener anspruchsvoller Einzelszenarien gezeigt. Wahrgenommene Hindernisse wurden sinnvoll in die Berechnung der Steuerungen integriert, und der befahrbare Bereich konnte auch in schwierigen, beengten Situationen durch das Fahrzeug eingehalten werden. Dabei ist vor allem die kurze Zeit von 1,2 ms hervorzuheben, die der Regler zur Interpretation der Situation und Bereitstellung der entsprechenden Steuerkommandos benötigte. Zusammenfassend stellt diese Arbeit, neben dem Konzept in [48], eine der ersten erfolgreichen Anwendungen von Deep Reinforcement

Abbildung 6.1: Parkplatz der Siemens AG im Technologiepark bei der Universität Bremen, © 2009 GEOBASIS-DE/BKG

Learning für das autonome Fahren dar. Insbesondere erweitert sie den bisherigen Stand der Technik von einfachem Spurhalten auf deutlich komplexere Situationen.

6.2 Diskussion

Die Ergebnisse dieser Arbeit zeigen zum einen das große Potential des Deep Controller als Regelungskonzept, decken aber auch vorhandene Schwächen auf. Diese beziehen sich im Wesentlichen auf

   i. ein zu ungenaues Fahrzeugmodell während des Trainings und

   ii. die Verarbeitung der Umwelt durch die aktuelle Wahrnehmungskarte.

Ersteres wurde als wesentliche Fehlerquelle bei der Anwendung auf einem Realfahrzeug identifiziert. Ein Lösungsansatz hierzu könnte ein physikalisch genaueres dynamisches Modell sein, wie zum Beispiel die *Magic Formula* von Pacejka [67], welche heute zum Beispiel in industriellen Anwendungen zum Einsatz kommt. Bei dieser findet eine sehr genaue Abbildung der auftretenden Kräfte auf die Reifen statt, sodass sich diese Variante vor allem bei der Übertragung des Ansatzes auf höhere Geschwindigkeiten anbieten würde. Alternativ könnte für eine genauere Modellierung im Kontext der Parkplatzexploration auch ein stochastisches, datenbasiertes Fahrzeugmodell mit Methoden des Deep Learning trainiert werden. Ein mögliches Framework für dieses Konzept wäre der *Apprenticeship*-Ansatz [3], bei dem die Deduktion des dynamischen Modells sowie das Lernen von Agenten sich in einem iterativen Prozess abwechseln. Für beide Varianten wäre insbesondere der Einfluss einer komplexeren Modellierung auf den Verlauf des Trainingsprozesses sowie auf dessen Ergebnis interessant.

Die Wahrnehmungskarte zur Darstellung der Fahrzeugumgebung wurde als vergleichsweise detaillierte Übersicht aller möglichen Hindernisse umgesetzt. Dabei konnten zum Beispiel wichtige Geradenabschnitte durch Faltungsoperationen gezielt detektiert werden.

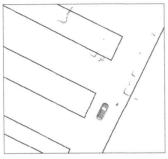
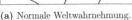
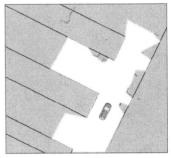

(a) Normale Weltwahrnehmung.   (b) Vereinfachung durch Polygon.

Abbildung 6.2: Beispiel zur Reduktion der Weltwahrnehmung auf relevante Informationen durch einen Polygonzug am Beispiel des Abbiegemanövers aus Abbildung 5.17a

Trotzdem reagierten die Ausgaben des Reglers hier relativ instabil gegenüber Störungen, welche vor allem bei der Ausführung auf einem Realfahrzeug auftraten. Insbesondere könnten sich Probleme bei Anwendungen mit nicht geraden Spurverläufen ergeben, wie im Beispiel des Parkplatzes aus Abbildung 6.1. Ein möglicher Lösungsansatz wäre die weitere Vorverarbeitung der Fahrzeugwahrnehmung, um die relevanten Informationen durch einen geschlossenen Polygonzug darzustellen. Dies ist in Abbildung 6.2 skizziert und wird zum Beispiel im Kontext von Optimalsteuerungsproblemen in [60], [40] oder in AO-Car für die Definition von Beschränkungen eingesetzt [91].

Durch diesen Ansatz könnte nicht nur das Störpotential in der Eingabe reduziert werden, sondern insbesondere auch die Menge an benötigten Informationen. Im Idealfall wäre dadurch schließlich die Zusammenfassung der beiden Anteile des Zustandsraumes zu einem einzigen Vektor möglich, um so sämtliche Informationen durch affine Schichten zu verarbeiten. Ein Vergleich mit Tabelle 4.2 zeigt, dass die daraus resultierende Vereinfachung der Netzstruktur zu einer starken Reduktion der benötigten Parameter führen könnte: Allein für die Transformation der verarbeiteten und vektorisierten Wahrnehmungskarte durch N_3 müssen 28 200 Gewichte bestimmt werden. Zusätzlich wären weitere Experimente sinnvoll, um effizientere Netztopologien für die gegebene Aufgabe zu finden. Dabei könnten auch aktuelle Ansätze wie zum Beispiel die *Batch Normalization* [41] oder *Dropout* [92] genutzt werden. Letzteres hat einen starken regularisierenden Effekt, welcher am Ende des Trainings in einem robusteren Ergebnis resultiert. Mit der Batch Normalization wird dagegen vor allem die Effizienz des Lernverfahrens selbst gesteigert, indem neben der Eingabe eines Neuronalen Netzes ebenfalls die Eingaben der versteckten Schichten normalisiert werden. Zudem wirkt sie ebenfalls leicht regularisierend.

Ein genereller Kritikpunkt des vorgestellten Verfahrens ist die vergleichsweise komplizierte Definition der Belohnungsfunktion in Abschnitt 4.3.4. Allgemein ergeben sich bei solchen Umsetzungen leicht Überanpassungen an eine schlechte Gewichtung einzelner Terme. Daher ist es fast immer sinnvoll, die Struktur der Belohnung möglichst einfach zu wählen. Andererseits könnte die zusätzliche Berücksichtigung von Optimalitätskriterien, zum Beispiel zur Minimierung des Steueraufwands, zu robusteren Lösungen führen. Eine Möglichkeit zur Einbeziehung dieser konkurrierenden Anforderungen wäre die Unterstützung des Lernprozesses durch Referenzlösungen. Diese könnten beispielsweise durch den vorhandenen modellprädiktiven Regler im Rahmen einer *MPC-Guided Policy Search* [111] bereitgestellt werden. Im Idealfall würde durch eine vereinfachte Belohnungsfunktion schließlich der Bedarf an spezialisierten Agenten entfallen. Stattdessen könnte ein allgemeingültiges Modell gelernt werden, welches zum Beispiel Anhalten, Fahren mit verschiedenen Geschwindigkeiten und Parken umsetzen kann.

Literaturverzeichnis

[1] AO-Car: Autonome, optimale Fahrzeugnavigation und -steuerung im Fahrzeug-Fahrgast-Nahbereich für den städtischen Bereich. URL `www.math.uni-bremen.de/zetem/aocar`.

[2] P. Abbeel, A. Coates, M. Quigley und A. Y. Ng. An Application of Reinforcement Learning to Aerobatic Helicopter Flight. In B. Schölkopf, J. C. Platt und T. Hoffman, Hrsg., *Advances in Neural Information Processing Systems 19*, S. 1–8. MIT Press, 2007.

[3] P. Abbeel und A. Y. Ng. Exploration and Apprenticeship Learning in Reinforcement Learning. In *Proceedings of the 22Nd International Conference on Machine Learning*, ICML, S. 1–8. ACM, New York, NY, USA, 2005.

[4] W. Arendt und K. Urban. *Partielle Differenzialgleichungen*. Spektrum, 2010.

[5] G. Bagschik, T. Menzel, A. Reschka und M. Maurer. Szenarien für Entwicklung, Absicherung und Test von automatisierten Fahrzeugen. In *11. Workshop Fahrerassistenzsysteme und automatisiertes Fahren*, S. 125–135. 2017.

[6] M. Bauer. *Vermessung und Ortung mit Satelliten*. Herbert-Wichmann-Verlag, 6. Aufl., 2018.

[7] S. Beiker. Implementation of an Automated Mobility-on-Demand System. In M. Maurer, J. C. Gerdes, B. Lenz und H. Winner, Hrsg., *Autonomous Driving: Technical, Legal and Social Aspects*, S. 277–295. Springer Berlin Heidelberg, 2016.

[8] M. Bojarski, D. D. Testa, D. Dworakowski, B. Firner, B. Flepp, P. Goyal, L. D. Jackel, M. Monfort, U. Muller, J. Zhang, X. Zhang, J. Zhao und K. Zieba. End to End Learning for Self-Driving Cars, 2016.

[9] M. Bojarski, P. Yeres, A. Choromanska, K. Choromanski, B. Firner, L. Jackel und U. Muller. Explaining How a Deep Neural Network Trained with End-to-End Learning Steers a Car, 2017.

[10] F. Borrelli, P. Falcone, T. Keviczky, J. Asgari und D. Hrovat. MPC–based approach to active steering for autonomous vehicle systems. *International Journal of Vehicle Autonomous Systems*, Bd. 3, S. 265–291, 2005.

[11] K. Bredies und D. Lorenz. *Mathematische Bildverarbeitung*. Vieweg+Teubner, 1. Aufl., 2011.

© Springer Fachmedien Wiesbaden GmbH, ein Teil von Springer Nature 2019
A. Folkers, *Steuerung eines autonomen Fahrzeugs durch Deep Reinforcement Learning*, BestMasters, https://doi.org/10.1007/978-3-658-28886-0

[12] C. Büskens und D. Wassel. The ESA NLP Solver WORHP. *Modeling and Optimization in Space Engineering*, Bd. 73(11–12), S. 85–110, 2013.

[13] K. W. Chan. *Optimale Regelung im Asteroidennahbereich.* Masterarbeit, Zentrum für Technomathematik, Universität Bremen, 2017.

[14] F. Chollet. *Deep Learning with Python.* Manning Publications Co., Greenwich, CT, USA, 1. Aufl., 2017.

[15] J. Clemens und K. Schill. Extended Kalman Filter with Manifold State Representation for Navigating a Maneuverable Melting Probe. In *19th International Conference on Information Fusion (FUSION)*, S. 1789–1796. IEEE, 2016.

[16] D.-A. Clevert, T. Unterthiner und S. Hochreiter. Fast and Accurate Deep Network Learning by Exponential Linear Units (ELUs), 2015.

[17] A. Cobus, M. Rick, L. Sommer, N. Backfisch, A. Probst, M. Echim und C. Büskens. Optimal Control in Autonomous Driving. In *Proceedings in Applied Mathematics and Mechanics*, Bd. 17, S. 783–784. 2017.

[18] A. Cobus und M. Schmidt. *Kompression Neuronaler Netze durch Knowledge Distillation am Beispiel der Semantischen Segmentierung.* Abschlussbericht Modellierungsseminar, Zentrum für Technomathematik, Universität Bremen, 2018.

[19] R. Collobert, K. Kavukcuoglu und C. Farabet. Torch7: A Matlab-like Environment for Machine Learning. In *BigLearn, NIPS Workshop.* 2011.

[20] M. Cordts, M. Omran, S. Ramos, T. Rehfeld, M. Enzweiler, R. Benenson, U. Franke, S. Roth und B. Schiele. The Cityscapes Dataset for Semantic Urban Scene Understanding. In *Proc. of the IEEE Conference on Computer Vision and Pattern Recognition (CVPR).* 2016.

[21] M. Demler. Xavier Simplifies Self-Driving Cars. *Microprocessor report*, 2017.

[22] V. Dumoulin und F. Visin. A guide to convolution arithmetic for deep learning, 2016.

[23] P. Falcone, F. Borrelli, J. Asgari und D. Hrovat. Low Complexity MPC Schemes for Integrated Vehicle Dynamics Control Problems. *International Symposium on Advanced Vehicle Control*, 2008.

[24] D. Ferguson, T. Howard und M. Likhachev. Motion Planning in Urban Environments. *Journal of Field Robotics*, Bd. 25(11–12), S. 939–960, 2008.

[25] H. Flämig. Autonomous Vehicles and Autonomous Driving in Freight Transport. In M. Maurer, J. C. Gerdes, B. Lenz und H. Winner, Hrsg., *Autonomous Driving: Technical, Legal and Social Aspects*, S. 365–385. Springer Berlin Heidelberg, 2016.

[26] O. Föllinger, U. Konigorski, B. Lohmann, G. Roppenecker und A. Trächtler. *Regelungstechnik.* VDE Verlag, 12. Aufl., 2016.

[27] T. M. Gasser. Fundamental and Special Legal Questions for Autonomous Vehicles. In M. Maurer, J. C. Gerdes, B. Lenz und H. Winner, Hrsg., *Autonomous Driving: Technical, Legal and Social Aspects*, S. 523–551. Springer Berlin Heidelberg, 2016.

[28] R. Ge, F. Huang, C. Jin und Y. Yuan. Escaping From Saddle Points – Online Stochastic Gradient for Tensor Decomposition. In P. Grünwald, E. Hazan und S. Kale, Hrsg., *Proceedings of The 28th Conference on Learning Theory*, Bd. 40 von *Proceedings of Machine Learning Research*, S. 797–842. PMLR, Paris, France, 2015.

[29] A. Geiger, P. Lenz, C. Stiller und R. Urtasun. Vision meets Robotics: The KITTI Dataset. *International Journal of Robotics Research (IJRR)*, Bd. 32(11), S. 1231–1237, 2013.

[30] X. Glorot, A. Bordes und Y. Bengio. Deep Sparse Rectifier Neural Networks. In *Proceedings of the Fourteenth International Conference on Artificial Intelligence and Statistics*, Bd. 15, S. 315–323. PMLR, Fort Lauderdale, FL, USA, 2011.

[31] I. Goodfellow, Y. Bengio und A. Courville. *Deep Learning*. MIT Press, 2016.

[32] B. Gutjahr und M. Werling. Optimale Fahrzeugquerführung mittels linearer, zeit-varianter MPC. In *Workshop Fahrerassistenzsysteme*, S. 61–70. 2015.

[33] H. v. Hasselt, A. Guez und D. Silver. Deep Reinforcement Learning with Double Q-Learning. In *Proceedings of the Thirtieth AAAI Conference on Artificial Intelligence*, S. 2094–2100. AAAI Press, 2016.

[34] K. He, X. Zhang, S. Ren und J. Sun. Deep Residual Learning for Image Recognition, 2015.

[35] G. Hinton und R. R. Salakhutdinov. Reducing the Dimensionality of Data with Neural Networks. *Science*, Bd. 313(5786), S. 504–507, 2006.

[36] G. Hinton, O. Vinyals und J. Dean. Distilling the Knowledge in a Neural Network, 2015.

[37] S. Hochreiter und J. Schmidhuber. Long Short-term Memory. *Neural computation*, Bd. 9, S. 1735–1780, 1997.

[38] T. Howard und A. Kelly. Optimal Rough Terrain Trajectory Generation for Wheeled Mobile Robots. *International Journal of Robotics Research*, Bd. 26(2), S. 141–166, 2007.

[39] X. Huang, X. Cheng, Q. Geng, B. Cao, D. Zhou, P. Wang, Y. Lin und R. Yang. The ApolloScape Dataset for Autonomous Driving, 2018.

[40] J. Hudecek und L. Eckstein. Vom reaktiven zum taktischen Trajektorienplaner. In *Workshop Fahrerassistenzsysteme*, S. 85–94. 2015.

[41] S. Ioffe und C. Szegedy. Batch Normalization: Accelerating Deep Network Training by Reducing Internal Covariate Shift. In *Proceedings of The 32nd International Conference on Machine Learning*, S. 448–456. 2015.

[42] D. Isele, R. Rahimi, A. Cosgun, K. Subramanian und K. Fujimura. Navigating Occluded Intersections with Autonomous Vehicles Using Deep Reinforcement Learning. *IEEE International Conference on Robotics and Automation (ICRA)*, S. 2034–2039, 2018.

[43] Y. Jia, E. Shelhamer, J. Donahue, S. Karayev, J. Long, R. Girshick, S. Guadarrama und T. Darrell. Caffe: Convolutional Architecture for Fast Feature Embedding. In *Proceedings of the 22Nd ACM International Conference on Multimedia*, S. 675–678. ACM, New York, NY, USA, 2014.

[44] B. Jähne. *Digitale Bildverarbeitung und Bildgewinnung*. Springer Vieweg, 7. Aufl., 2012.

[45] S. Kakade und J. Langford. Approximately Optimal Approximate Reinforcement Learning. In *Proceedings of the 19th International Conference on Machine Learning*, S. 267–274. 2002.

[46] S. Kardell und M. Kuosku. *Autonomous vehicle control via deep reinforcement learning*. Master's thesis, Chalmers University of Technology, 2017.

[47] A. E. Kemper. *Modellbasierte optimale Mehrgrößenregelung und optimale Reglerparametrisierung für Luftsysteme von Pkw-Dieselmotoren*. Dissertation, Universität Bremen, 2015.

[48] A. Kendall, J. Hawke, D. Janz, P. Mazur, D. Reda, J.-M. Allen, V.-D. Lam, A. Bewley und A. Shah. Learning to Drive in a Day, 2018.

[49] D. Kim, J. Kang und K. Yi. Control Strategy for High-Speed Autonomous Driving in Structured Road. *International IEEE Conference on Intelligent Transportation Systems*, S. 186–191, 2011.

[50] D. P. Kingma und J. Ba. Adam: A Method for Stochastic Optimization, 2014.

[51] M. Knauer und C. Büskens. From WORHP to TransWORHP. In *Proceedings of the 5th International Conference on Astrodynamics Tools and Techniques*. 2012.

[52] P. L'Ecuyer. On the Interchange of Derivative and Expectation for Likelihood Ratio Derivative Estimators. *Management Science*, Bd. 41(4), S. 738–748, 1995.

[53] B. Lenz und E. Fraedrich. New Mobility Concepts and Autonomous Driving: The Potential for Change. In M. Maurer, J. C. Gerdes, B. Lenz und H. Winner, Hrsg., *Autonomous Driving: Technical, Legal and Social Aspects*, S. 173–191. Springer Berlin Heidelberg, 2016.

[54] M. Leshno, V. Y. Lin, A. Pinkus und S. Schocken. Multilayer Feedforward Networks With a Nonpolynomial Activation Function Can Approximate Any Function. *Neural Networks*, Bd. 6(6), S. 861–867, 1993.

[55] T. P. Lillicrap, J. J. Hunt, A. Pritzel, N. Heess, T. Erez, Y. Tassa, D. Silver und D. Wierstra. Continuous control with deep reinforcement learning, 2015.

[56] F. Lin, Z. Lin und X. Qiu. LQR controller for car-like robot. In *35th Chinese Control Conference (CCC)*, S. 2515–2518. 2016.

[57] P. Lin. Why Ethics Matters for Autonomous Cars. In M. Maurer, J. C. Gerdes, B. Lenz und H. Winner, Hrsg., *Autonomous Driving: Technical, Legal and Social Aspects*, S. 69–85. Springer Berlin Heidelberg, 2016.

[58] T.-Y. Lin, M. Maire, S. Belongie, L. Bourdev, R. Girshick, J. Hays, P. Perona, D. Ramanan, C. L. Zitnick und P. Dollár. Microsoft COCO: Common Objects in Context, 2014.

[59] A. D. Luca, G. Oriolo und C. Samson. Feedback Control of a Nonholonomic Car-like Robot. In *Robot Motion Planning and Control*, Kap. 4. Springer, 1998.

[60] C. Meerpohl. *Vollautomatisches Einparken mittels einer optimalen Steuerung*. Masterarbeit, Zentrum für Technomathematik, Universität Bremen, 2015.

[61] B. Mirchevska, M. Blum, L. Louis, J. Boedecker und M. Werling. Reinforcement Learning for Autonomous Maneuvering in Highway Scenarios. In *Workshop Fahrerassistenzsysteme und automatisiertes Fahren*, S. 32–41. 2017.

[62] V. Mnih, A. P. Badia, M. Mirza, A. Graves, T. Lillicrap, T. Harley, D. Silver und K. Kavukcuoglu. Asynchronous Methods for Deep Reinforcement Learning. In M. F. Balcan und K. Q. Weinberger, Hrsg., *Proceedings of The 33rd International Conference on Machine Learning*, Bd. 48, S. 1928–1937. New York, New York, USA, 2016.

[63] V. Mnih, K. Kavukcuoglu, D. Silver, A. A. Rusu, J. Veness, M. G. Bellemare, A. Graves, M. Riedmiller, A. K. Fidjeland, G. Ostrovski, S. Petersen, C. Beattie, A. Sadik, I. Antonoglou, H. King, D. Kumaran, D. Wierstra, S. Legg und D. Hassabis. Human-level control through deep reinforcement learning. *Nature*, Bd. 518(7540), S. 529–533, 2015.

[64] J. Mörhed und F. Östman. *Automatic Parking and Path Following Control for a Heavy-Duty Vehicle*. Master's thesis, Linköping University, 2017.

[65] V. Nair und G. E. Hinton. Rectified Linear Units Improve Restricted Boltzmann Machines. In *Proceedings of the 27th International Conference on Machine Learning*, ICML, S. 807–814. Omnipress, 2010.

[66] G. Neuhold, T. Ollmann, S. Rota Bulò und P. Kontschieder. The Mapillary Vistas Dataset for Semantic Understanding of Street Scenes. In *IEEE International Conference on Computer Vision (ICCV)*, S. 5000–5009. 2017.

[67] H. B. Pacejka. Semi-Empirical Tire Models. In H. B. Pacejka, Hrsg., *Tire and Vehicle Dynamics*, S. 149–209. Butterworth-Heinemann, Oxford, 3. Aufl., 2012.

[68] M. Pavone. Autonomous Mobility-on-Demand Systems for Future Urban Mobility. In M. Maurer, J. C. Gerdes, B. Lenz und H. Winner, Hrsg., *Autonomous Driving: Technical, Legal and Social Aspects*, S. 387–402. Springer Berlin Heidelberg, 2016.

[69] X. B. Peng, P. Abbeel, S. Levine und M. van de Panne. DeepMimic: Example-guided Deep Reinforcement Learning of Physics-based Character Skills. *ACM Trans. Graph.*, Bd. 37(4), S. 143:1–143:14, 2018.

[70] J. Peters und S. Schaal. Reinforcement Learning of Motor Skills with Policy Gradients. *Neural Networks*, Bd. 21(4), S. 682–697, 2008.

[71] P. Polack, F. Altché, B. d'Andréa Novel und A. de La Fortelle. The kinematic bicycle model: A consistent model for planning feasible trajectories for autonomous vehicles? In *IEEE Intelligent Vehicles Symposium (IV)*, S. 812–818. 2017.

[72] N. Qian. On the Momentum Term in Gradient Descent Learning Algorithms. *Neural Networks*, Bd. 12(1), S. 145–151, 1999.

[73] A. Rieder. *Keine Probleme mit Inversen Problemen: Eine Einführung in ihre stabile Lösung*. Vieweg+Teubner Verlag, 2013.

[74] P. Riekert und T. E. Schunck. Zur Fahrmechanik des gummibereiften Kraftfahrzeugs. *Ingenieur Archiv*, Bd. 11, S. 210–224, 1940.

[75] S. Rifai, G. Mesnil, P. Vincent, X. Muller, Y. Bengio, Y. Dauphin und X. Glorot. Higher order contractive auto-encoder. In *Machine Learning and Knowledge Discovery in Databases*, S. 645–660. 2011.

[76] S. Ruder. An overview of gradient descent optimization algorithms, 2016.

[77] G. Rudolph und U. Voelzke. Three Sensor Types Drive Autonomous Vehicles. *Sensors online*, 2017.

[78] D. E. Rumelhart, G. Hinton und R. J. Williams. Learning Representations by Back-Propagating Errors. *Nature*, Bd. 323, S. 533–536, 1986.

[79] I. Rusnak. The optimality of PID controllers. In *Proceedings of the 9th Mediterranean Electrotechnical Conference*, Bd. 1, S. 479–483. 1998.

[80] O. Russakovsky, J. Deng, H. Su, J. Krause, S. Satheesh, S. Ma, Z. Huang, A. Karpathy, A. Khosla, M. Bernstein, A. C. Berg und L. Fei-Fei. ImageNet Large Scale Visual Recognition Challenge, 2014.

[81] S. Russel und P. Norvig. *Künstliche Intelligenz.* Pearson, 3. Aufl., 2012.

[82] S. Sabour, N. Frosst und G. E. Hinton. Dynamic Routing Between Capsules. In I. Guyon, U. V. Luxburg, S. Bengio, H. Wallach, R. Fergus, S. Vishwanathan und R. Garnett, Hrsg., *Advances in Neural Information Processing Systems 30*, S. 3856–3866. Curran Associates, Inc., 2017.

[83] A. E. Sallab, M. Abdou, E. Perot und S. Yogamani. Deep Reinforcement Learning framework for Autonomous Driving. *Electronic Imaging, Autonomous Vehicles and Machines*, S. 70–76, 2017.

[84] A. Schattel, A. Cobus, M. Echim und C. Büskens. Optimization and Sensitivity Analysis of Trajectories for Autonomous Small Celestial Body Operations. In *Progress in Industrial Mathematics at ECMI 2016*, S. 705–711. Springer International Publishing, 2017.

[85] D. Scherer, A. Müller und S. Behnke. Evaluation of Pooling Operations in Convolutional Architectures for Object Recognition. In *Proceedings of the 20th International Conference on Artificial Neural Networks (ICANN): Part III*, S. 92–101. Springer-Verlag, 2010.

[86] J. Schulman, S. Levine, P. Abbeel, M. Jordan und P. Moritz. Trust Region Policy Optimization. In F. Bach und D. Blei, Hrsg., *Proceedings of the 32nd International Conference on Machine Learning*, Bd. 37, S. 1889–1897. Lille, France, 2015.

[87] J. Schulman, P. Moritz, S. Levine, M. Jordan und P. Abbeel. High-Dimensional Continuous Control Using Generalized Advantage Estimation. In *Proceedings of the International Conference on Learning Representations (ICLR)*. 2016.

[88] J. Schulman, F. Wolski, P. Dhariwal, A. Radford und O. Klimov. Proximal Policy Optimization Algorithms, 2017.

[89] D. Silver, A. Huang, C. J. Maddison, A. Guez, L. Sifre, G. van den Driessche, J. Schrittwieser, I. Antonoglou, V. Panneershelvam, M. Lanctot, S. Dieleman, D. Grewe, J. Nham, N. Kalchbrenner, I. Sutskever, T. Lillicrap, M. Leach, K. Kavukcuoglu, T. Graepel und D. Hassabis. Mastering the Game of Go with Deep Neural Networks and Tree Search. *Nature*, Bd. 529(7587), S. 484–489, 2016.

[90] D. Silver, J. Schrittwieser, K. Simonyan, I. Antonoglou, A. Huang, A. Guez, T. Hubert, L. Baker, M. Lai, A. Bolton, Y. Chen, T. Lillicrap, F. Hui, L. Sifre, G. van den Driessche, T. Graepel und D. Hassabis. Mastering the game of Go without human knowledge. *Nature*, Bd. 550, S. 354–371, 2017.

[91] L. Sommer, M. Rick, A. Folkers und C. Büskens. AO-Car: transfer of space technology to autonomous driving with the use of WORHP. In *Proceedings of the 7th International Conference on Astrodynamics Tools and Techniques*. 2018.

[92] N. Srivastava, G. Hinton, A. Krizhevsky, I. Sutskever und R. Salakhutdinov. Dropout: A Simple Way to Prevent Neural Networks from Overfitting. *Journal of Machine Learning Research*, Bd. 15, S. 1929–1958, 2014.

[93] R. S. Sutton und A. G. Barto. *Reinforcement learning - an introduction*. Adaptive computation and machine learning. MIT Press, 2010.

[94] R. S. Sutton, D. A. McAllester, S. P. Singh und Y. Mansour. Policy Gradient Methods for Reinforcement Learning with Function Approximation. In S. A. Solla, T. K. Leen und K. Müller, Hrsg., *Advances in Neural Information Processing Systems 12*, S. 1057–1063. MIT Press, 2000.

[95] I. Szit. Reinforcement Learning in Games. In M. Wiering und M. van Otterlo, Hrsg., *Reinforcement Learning: State-of-the-Art*, S. 539–577. Springer, 2010.

[96] M. Tan, B. Chen, R. Pang, V. Vasudevan und Q. V. Le. MnasNet: Platform-Aware Neural Architecture Search for Mobile, 2018.

[97] N. Tavan, M. Tavan und R. Hosseini. An optimal integrated longitudinal and lateral dynamic controller development for vehicle path tracking. *Latin American Journal of Solids and Structures*, Bd. 12, S. 1006–1023, 2015.

[98] Tensorflow Development Team. TensorFlow: Large-Scale Machine Learning on Heterogeneous Systems, 2015. URL https://www.tensorflow.org/. Software available from tensorflow.org.

[99] G. Tesauro. Temporal Difference Learning and TD-Gammon. *Commun. ACM*, Bd. 38(3), S. 58–68, 1995.

[100] H. van Hasselt. Reinforcement Learning in Continuous State and Action Spaces. In M. Wiering und M. van Otterlo, Hrsg., *Reinforcement Learning: State-of-the-Art*, S. 207–251. Springer, 2010.

[101] W. Wachenfeld, H. Winner, J. C. Gerdes, B. Lenz, M. Maurer, S. Beiker, E. Fraedrich und T. Winkle. Use Cases for Autonomous Driving. In M. Maurer, J. C. Gerdes, B. Lenz und H. Winner, Hrsg., *Autonomous Driving: Technical, Legal and Social Aspects*, S. 9–37. Springer Berlin Heidelberg, 2016.

[102] Z. Wang, V. Bapst, N. Heess, V. Mnih, R. Munos, K. Kavukcuoglu und N. de Freitas. Sample Efficient Actor-Critic with Experience Replay, 2016.

[103] Z. Wang, T. Schaul, M. Hessel, H. Hasselt, M. Lanctot und N. Freitas. Dueling Network Architectures for Deep Reinforcement Learning. In M. F. Balcan und K. Q. Weinberger, Hrsg., *Proceedings of The 33rd International Conference on Machine Learning*, Bd. 48, S. 1995–2003. New York, New York, USA, 2016.

[104] P. J. Werbos. *Beyond Regression: New Tools for Predicition and Analysis in the Behavioral Sciences*. Dissertation, Harvard University, 1974.

[105] M. Wiering und M. van Otterlo, Hrsg.. *Reinforcement Learning: State-of-the-Art.* Springer, 2010.

[106] T. Winkle. Safety Benefits of Automated Vehicles: Extended Findings from Accident Research for Development, Validation and Testing. In M. Maurer, J. C. Gerdes, B. Lenz und H. Winner, Hrsg., *Autonomous Driving: Technical, Legal and Social Aspects*, S. 335–364. Springer Berlin Heidelberg, 2016.

[107] H. Winner und W. Wachenfeld. Effects of Autonomous Driving on the Vehicle Concept. In M. Maurer, J. C. Gerdes, B. Lenz und H. Winner, Hrsg., *Autonomous Driving: Technical, Legal and Social Aspects*, S. 255–275. Springer Berlin Heidelberg, 2016.

[108] F. Yu, W. Xian, Y. Chen, F. Liu, M. Liao, V. Madhavan und T. Darrell. BDD100K: A Diverse Driving Video Database with Scalable Annotation Tooling, 2018.

[109] S. Zagoruyko und N. Komodakis. Paying More Attention to Attention: Improving the Performance of Convolutional Neural Networks via Attention Transfer, 2016.

[110] M. D. Zeiler und R. Fergus. Visualizing and Understanding Convolutional Networks. In D. Fleet, T. Pajdla, B. Schiele und T. Tuytelaars, Hrsg., *Computer Vision – ECCV*, S. 818–833. Springer International Publishing, Cham, 2014.

[111] T. Zhang, G. Kahn, S. Levine und P. Abbeel. Learning Deep Control Policies for Autonomous Aerial Vehicles with MPC-Guided Policy Search. In *Proceedings of the IEEE International Conference on Robotics and Automation (ICRA)*, S. 528–535. 2016.

A   Verwendete Hyperparameter

Beschreibung	Bez.	Raum	Wert	Einheit
SIMULATION				
Zeitschritte pro Episode	T	$\mathbb{N}$	250	
Länge eines Zeitschrittes	Δt	$\mathbb{R}_+$	0,1	s
Wahrscheinlichkeiten für				
Startgeschwindigkeit Null		$[0;1] \subset \mathbb{R}$	0,2	
Ziel mittig in Fahrspur		$[0;1] \subset \mathbb{R}$	0,25	
Ziel mit Spur ausgerichtet		$[0;1] \subset \mathbb{R}$	0,25	
Schranken für zufällige				
Spurbreiten		$\mathbb{R}_+^2$	$\{6;8\}$	m
Abbiegewinkel (bzgl. rechtem Winkel)		$\mathbb{R}^2$	$\{-\pi/8; \pi/8\}$	rad
Wahrnehmungskarte	$\mathcal{O}$	$\{-1;0;1\}^{n \times m}$		
Diskretisierung	n,m	$\mathbb{N}^2$	$\{64;48\}$	
x-Ausdehnung		$\mathbb{R}^2$	$\{-20;20\}$	m
y-Ausdehnung		$\mathbb{R}^2$	$\{-5;25\}$	m
FAHRZEUGGEOMETRIE				
Radstand	L	$\mathbb{R}_+$	2,786	m
Länge		$\mathbb{R}_+$	4,767	m
Breite (ohne Seitenspiegel)		$\mathbb{R}_+$	1,832	m
Länge zw. Front und Vorderachse		$\mathbb{R}_+$	0,8805	m

© Springer Fachmedien Wiesbaden GmbH, ein Teil von Springer Nature 2019
A. Folkers, *Steuerung eines autonomen Fahrzeugs durch Deep Reinforcement Learning*, BestMasters, https://doi.org/10.1007/978-3-658-28886-0

Beschreibung	Bez.	Raum	Wert	Einheit
BESCHRÄNKUNGEN DER FAHRDYNAMIK UND ASSOZIIERTE KONSTANTEN				
Beschleunigung	a_{min}	$\mathbb{R}$	$-1,2$	m/s^2
	a_{max}	$\mathbb{R}$	$1,2$	m/s^2
Lenkwinkelgeschwindigkeit	ω_{min}	$\mathbb{R}$	$-1,2$	rad/s
	ω_{max}	$\mathbb{R}$	$1,2$	rad/s
Geschwindigkeit	v_{min}	$\mathbb{R}$	0	km/h
	v_{max}	$\mathbb{R}$	15	km/h
Lenkwinkel	β_{min}	$\mathbb{R}$	$-0,55$	rad
	β_{max}	$\mathbb{R}$	$0,55$	rad
Anhaltegeschwindigkeit	v^0	$\mathbb{R}$	4	km/h
(Angenommene) maximale Distanz	p_{max}	$\mathbb{R}_+$	20	m
TRAINING				
Lernrate	ϑ	$\mathbb{R}_+$	$5e{-}5$	
Adam Parameter	β_1	$[0;1) \subset \mathbb{R}$	$0,9$	
	β_2	$[0;1) \subset \mathbb{R}$	$0,999$	
	ϵ	$\mathbb{R}_+$	$1e{-}5$	
Zeitschritte pro Epoche	N	$\mathbb{N}$	$16\,384$	
Optimierungsschritte	K	$\mathbb{N}$	16	
Größe der Minibatches	M	$\mathbb{N}$	$1\,024$	
Diskont	γ	$[0;1] \subset \mathbb{R}$	$0,99$	
Verallgemeinerte Advantage	λ	$[0;1) \subset \mathbb{R}$	$0,95$	
clip-Parameter	ε	$\mathbb{R}_+$	$0,1$	
Gewichtung der Kostenfunktion	α	$\mathbb{R}_+$	$0,1$	

.

Printed in the United States
By Bookmasters